베트남의 민간노래

숭실대 한국문예연구소
문예총서 ②

베트남의
민간노래

조 규 익
응웬 응옥 꿰 공편역

iB 인터북스

머리말

2007년 4월쯤. 한국문학을 공부하겠노라고 숭실대학을 찾아온 자그마한 체구의 베트남 청년 원옥계(阮玉桂)를 만났다. 조용하면서도 당찬 모습에, 또렷또렷한 한국말도 수준급이었다. 몇 번 만나면서 서서히 의기가 투합해갔다. 한국과 베트남이 비록 거리상으로는 상당히 떨어져 있으나, 중국을 매개로 한 유교문화권의 국가들이라는 점, 우리와 함께 한자문화권의 문명국이라는 점 등은 그간 두 나라를 이어온 일종의 동류의식(同類意識)이었다. 내가 평소부터 궁금하게 여겨오던 의문들을 소나기처럼 퍼부었으나, 그는 언제나 침착하게 응구첩대(應口輒對)하는 것이었다. 이야기가 베트남의 노래문학에 이르자 그는 눈을 반짝이며 다가앉았다. 얼마 후 나는 그로부터 베트남의 노래책 한 권을 받아보게 되었다. 베트남에서 출판된 응옥 란(Ngọc Lan) 선생의 『베트남 가요선(CA DAO VIỆT NAM CHỌN LỌC)』(Nhà xuất bản Văn Hóa Thông Tin, 2007)이란 책이었다.

그러나 베트남 문자에 대하여 까막눈인 나는 답답하기 그지없었다. 며칠을 고심하던 나는 그와 함께 그 책을 번역하기로 마음먹었다. 그 역시 대찬성이었다. 나는 베트남 말을 모르고 그는 한국말과 글에 서투르니, 서로 절장보단(絶長補短)할 필요가 있었다. 그에게 우선 되는대로 초벌 번역을 시켰다. 『베트남 가요선』의 2장에 실린 노래들만을 대상으로 두어 달 만에 1차 번역을 끝냈다. 그러나 그는 석사논문 준비에 바빴고, 나 역시 급한 원고들에 쫓겨 한동안 밀쳐두고 있었다. 드디어 지난 해 그의 석사논문이 완성되었을 때, 나는 미루어 두었던 그 파일을 끄집어냈다. 그리고는 하루에 두어 시간씩 그와 만나 베트남 노래들과 씨름을

벌였다. 한 작품을 가지고 수십 분씩 의견을 나누기도 했다. 제목을 달고, 주석까지 붙이면서 드디어 우리는 한국과 베트남 사이의 정서적 공감대를 확인할 수 있었다. 그렇게 해서 이 번역서는 나온 것이다.

최근 베트남과의 교류가 폭발적으로 늘어나면서 양국 문화에 대한 상호 이해의 필요성도 제기되었다. 그러나 정치, 경제, 사회 등에 대한 이해와 달리 문학이나 예술에 대한 이해는 아직 빈약하기 그지없다. 특히 베트남 여성들과 한국 남성들 사이의 국제결혼으로 다문화 가정이 늘고 있는 현실을 감안할 때, 정서적 상호이해의 결여는 무엇보다 심각한 문제일 수 있다. 문학과 예술에 대한 이해의 작은 출발점으로 기획하게 된 것이 바로 이 책이다. 우리는 앞으로도 이 분야의 번역이나 연구물들을 꾸준히 펴낼 것이다. 우리의 작업이 기폭제가 되어 많은 베트남학의 연구자들이 이런 일에 적극 나서주었으면 한다.

시장이 뻔한 데도 불구하고 책을 만들어주신 학고방의 하운근 사장님께 감사드린다. 이 책을 숭실대학교 한국문예연구소 문예총서의 하나로 세상에 내놓게 된 것을 기쁘게 생각한다.

기축년 5월

조 규 익

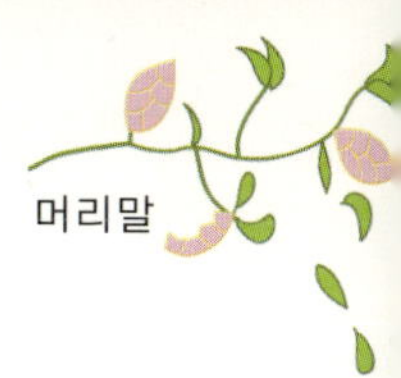

LỜI NÓI ĐẦU

Khoảng tháng 4 năm 2007, tôi đã gặp cậu thanh niên nhỏ nhắn tên Nguyễn Ngọc Quế đến trường Đại học SoongSil để học văn học Hàn Quốc. Vẻ ngoài trầm tĩnh song vẫn lộ ra dáng vẻ một chàng thanh niên cứng cỏi với khả năng nói tiếng Hàn rõ ràng thuần thục. Sau mấy lần gặp gỡ, chúng tôi trở nên gần gũi hơn. Trên phương diện địa lí, Hàn Quốc và Việt Nam ở rất xa nhau, nhưng đều là những nước nằm trong khu vực văn hóa Nho giáo có liên quan với Trung Quốc, lại cũng dùng văn tự Hán, đó cũng chính là những yếu tố tạo nên tư duy ý thức giống nhau giữa chúng tôi. Những thắc mắc thường ngày của tôi cứ thế như mưa rào tuôn ra, đối với những câu hỏi của tôi, cậu thanh niên đó lúc nào cũng như đoán được và đều trả lời không một chút do dự. Khi nói đến phần văn học Ca dao Việt Nam thì đôi mắt cậu sáng lấp lánh và như gần gũi hơn. Không lâu sau đó tôi nhận được từ cậu một cuốn sách Ca dao Việt Nam. Đó là cuốn "Ca Dao Việt Nam Chọn Lọc" của cô Ngọc Lan được nhà xuất bản Văn Hóa Thông Tin xuất bản năm 2007. Nhưng vì không biết tiếng Việt nên trong lòng tôi càng không nguôi tò mò. Suy nghĩ một thời gian sau tôi đã quyết định cùng cậu dịch quyển sách ấy. Cậu ấy cũng vui vẻ mà đồng ý ngay. Tôi thì không biết tiếng Việt, cậu ấy thì trong văn viết chưa được thuần thục cho lắm vì vậy giữa chúng tôi cần có sự chia nhỏ công việc ra để tiến hành. Đầu tiên tôi bảo cậu dịch thô tác phẩm sang tiếng Hàn. Sau một thời gian thì lần dịch đầu tiên đã hoàn thành. Nhưng vì cậu ấy thì bận chuẩn bị luận án tốt nghiệp Thạc

sĩ của mình, còn tôi thì vì công việc bận mải cho nên việc dịch đã dừng lại một thời gian dài. Cuối cùng vào năm ngoái khi cậu ấy làm luận án tốt nghiệp xong, tôi mới tìm lại tập bản thảo. Rồi mỗi ngày hai tiếng hai chúng tôi gặp nhau và đánh vật với những bài Ca dao Việt Nam. Mỗi một bài có khi phải trao đổi với nhau cả mười phút. Đặt đầu đề cho từng bài, chú thích, cuối cùng chúng tôi cũng tìm ra được mối đồng cảm có tính thơ khi chuyển những bài Ca dao Việt Nam sang tiếng Hàn. Vì vậy tài liệu nghiên cứu này đã ra đời.

Gần đây, mối giao lưu giữa Hàn Quốc và Việt Nam ngày càng phát triển do đó vấn đề tìm hiểu văn hóa lẫn nhau cũng được đặt ra. Nhưng ngoài những vấn đề như chính trị, kinh tế, văn hóa, xã hội v.v ··· ra thì mảng về văn học hay nghệ thuật vẫn còn chưa được hiểu biết sâu rộng. Quyển sách này chính là xuất phát điểm cho việc hiểu biết về văn học và nghệ thật. Trong thời gian tới công việc dịch hay nghiên cứu về lĩnh vực này sẽ rất phát triển. Xin gửi lời cảm ơn tới ông Ha Un Kun giám đốc nhà xuất bản Hak Ko Bang đã xuất bản cuốn sách này trong thời điểm thị trường sách có nhiều khó khăn. Tôi lấy làm vui bởi cuốn sách này ra đời như là một tài liệu nghiên cứu văn nghệ của Trung tâm nghiên cứu văn nghệ Hàn Quốc trường Đại học Soongsil.

Tháng 5 năm Kỷ Sửu

Cho, Kyu-ICk

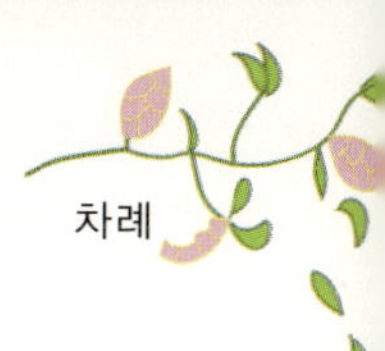

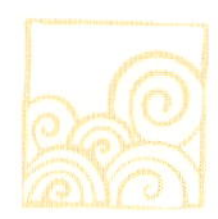

차 례

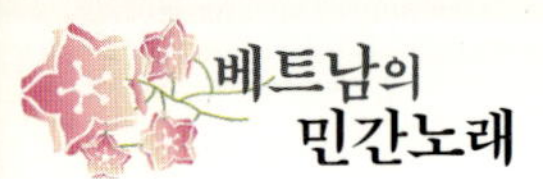

Con người - phong tục

사람 - 풍습

시조 제삿날

Ai về Phú Thọ cùng ta,	누가 나와 같이 푸토1)에 갈까
Vui ngày giỗ tổ tháng ba mùng mười,	삼월 십일 시조 할아버지 제삿날2)이 되니 기뻐요.
Dù ai đi ngược về xuôi,	누가 올라가든지 내려가든지
Nhớ ngày giỗ tổ mùng mười tháng ba.	시조 제삿날 삼월 십일을 기억하세요.

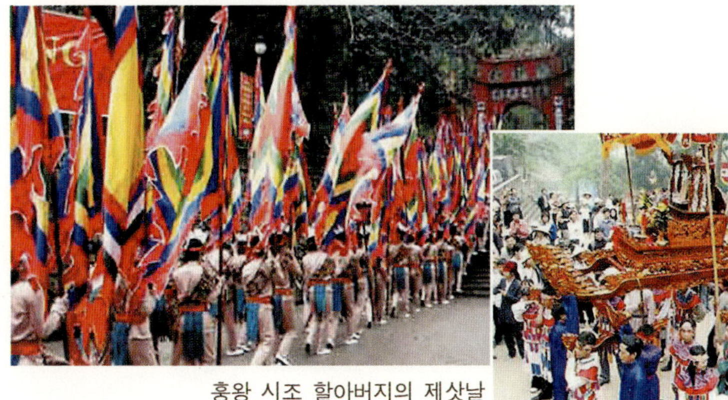

홍왕 시조 할아버지의 제삿날

---

1) 푸토(Phú Thọ)는 현재 푸토성이며 베트남 건국 도성이다. 현재 베트남에서는 매년 푸토에서 국조(國祖) 홍왕(vua Hùng)에게 제사를 올리고 있다.
2) 베트남 국가 시조인 홍왕 (vua Hùng)의 제사를 기념하여 전국적으로 국민들이 드리는 국가적 행사이다.

남녀 축제의 노래

Ấy ngày mùng sáu tháng ba,　　　삼월 육일,
Ăn cơm với cà đi hội chùa Tây.　　밥과 까1)를 먹고 주어떠이(西寺)2) 축제에
　　　　　　　　　　　　　　　　가요.

Hò chơi bên gái bên trai,　　　　남자 여자 서로 함께 노래를 부르지만,3)
Xin cùng cô bác đừng ai nghi ngờ.　아줌마 아저씨 의심하지 마세요.

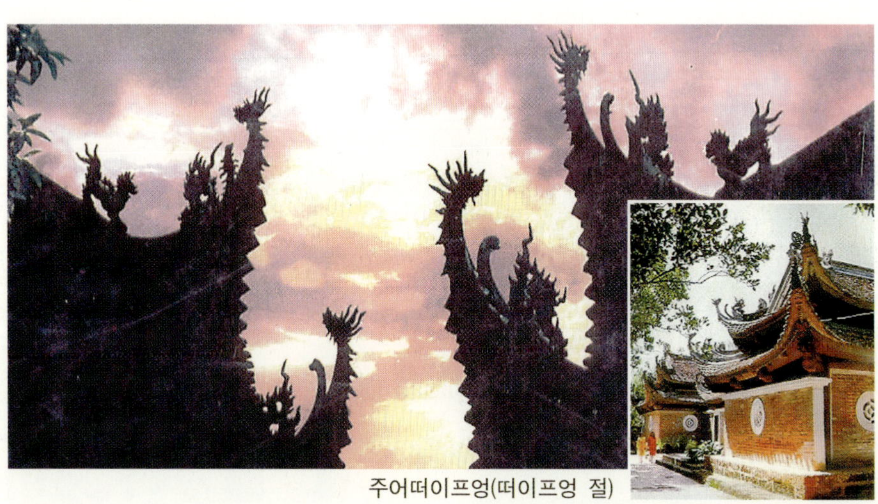
주어떠이프엉(떠이프엉 절)

---

1) 까(Cà)는 가시나무 종류이다. 베트남 사람들은 그 열매를 반찬으로 만들어 먹는데, 특히 가난한 사람들이
　혼히 먹는다.
2) 주어떠이 (chùa Tây)의 다른 이름은 주어떠이프엉(Chùa Tây Phương)이다. 현재 하떠이성(Hà Tây)
　탁턱현(Thạch Thất) 탁사사(Thạch Xá)에 있다.
3) 남녀가 주고 받으며 부르는 형식의 노래.

3

배노래

Ai về Bình Định mà nghe, Nơi thơ chàng Lía, hát vè Quảng Nam.	누군가 빙띵1)에 가면 장려의 시2)와 꽝남3)의 배 노래4)를 들으세요.

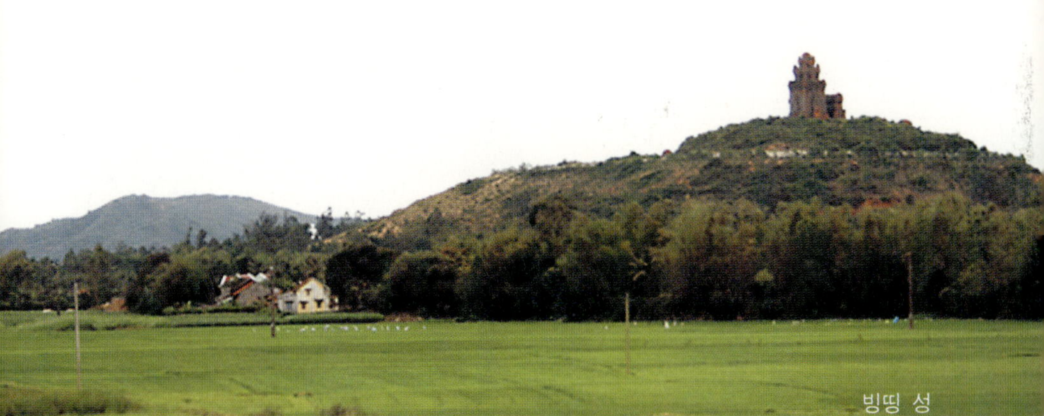

빙띵 성

1) 빙띵(Bình Định)은 현재 중부지방에 있는 성(城) 이름이다.
2) 장려(lơi thơ chàng lía)는 시의 한 종류.
3) 꽝남(Quảng Nam)은 중부지방에 있는 광남성 지역이름이다.
4) 배 노래(hát vè)는 노래의 한 종류.

4

어머니의 자식사랑

Bốn con ngồi bốn góc giường,
Mẹ ơi, mẹ hỡi mẹ thương con nào.
Mẹ thương con bé mẹ thay!
Thương thì thương vậy chẳng tày
trưởng nam.
Trưởng nam nào có gì đâu,
Một trăm cái giỗ đổ đầu trưởng nam.

네 자녀가 침대 네 모서리에 앉아서
'어머니! 어머니! 누구를 가장 사랑합니까?'
어머니는 막내둥이를 사랑하지만,
장남을 더 사랑한다네.

장남은 가진 것 하나 없는데
수많은 제사에 허리가 휘어진다네.1)

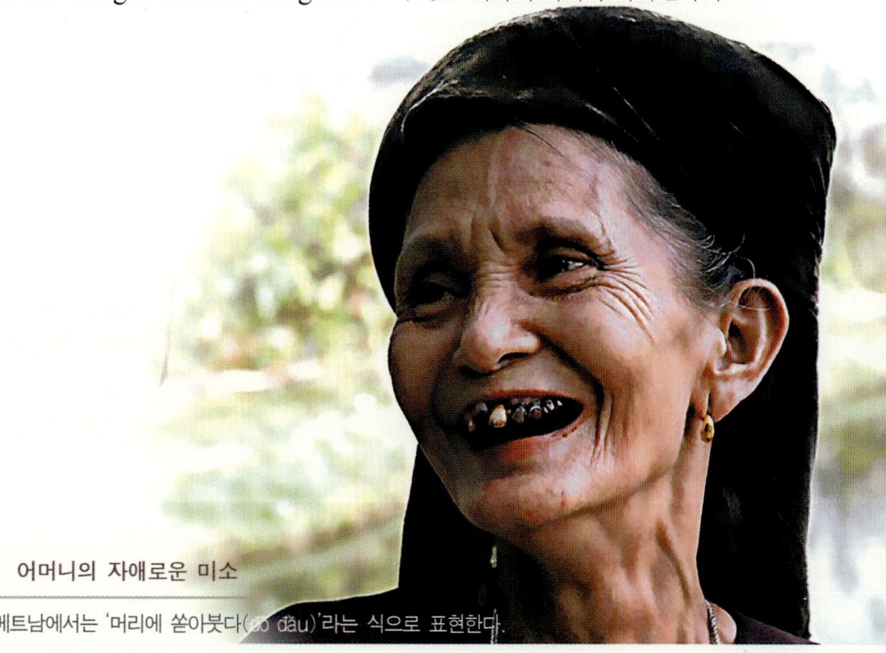

어머니의 자애로운 미소

1) 베트남에서는 '머리에 쏟아붓다(đổ đầu)'라는 식으로 표현한다.

5

딸과 며느리

Con gái là con người ta,
Con dâu mới thật mẹ cha mua về.

딸은 남의 자식이고
며느리는 부모가 사온 자녀라네.

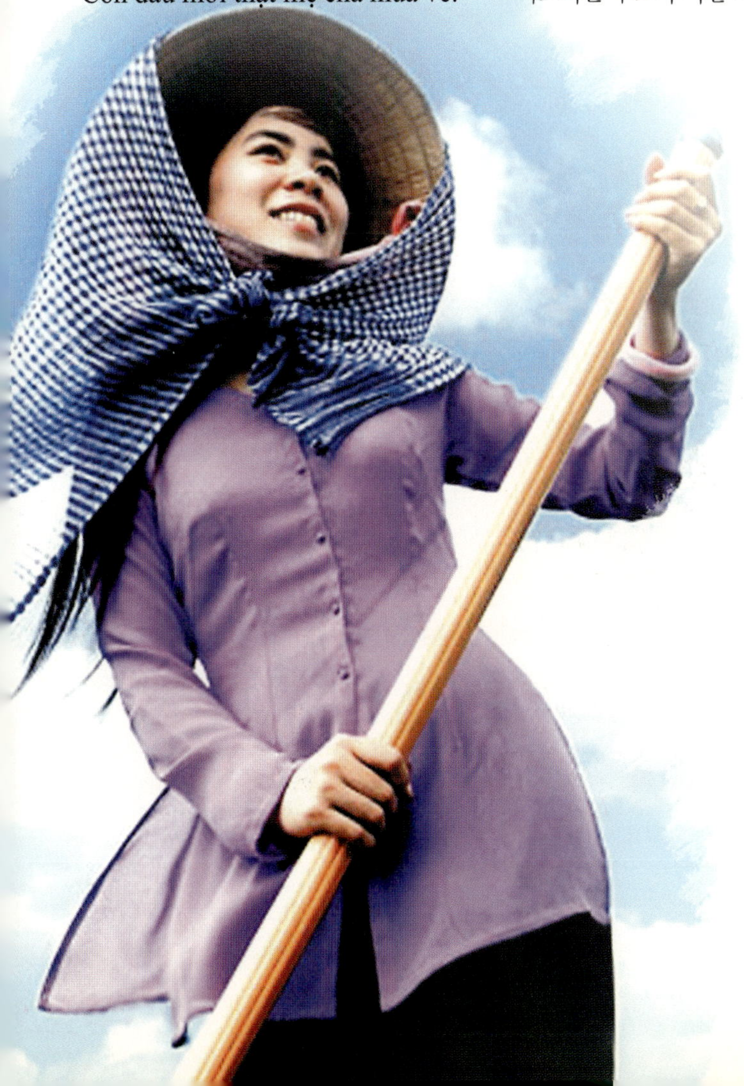

6

예쁜 아가씨들

Ba cô cùng ở một nhà,
Cùng đội nón thắm cùng ra ngoài đồng.
Ai làm cái nón quai thao,
Để cho anh thấy cô nào cũng xinh.

세 아가씨가 한 집에서 산다네
분홍 모자 쓰고 함께 논밭에 간다네
누가 꾸아이타우 논1)을 만들었는가?
어떤 아가씨든 다 예뻐 보이는구나!

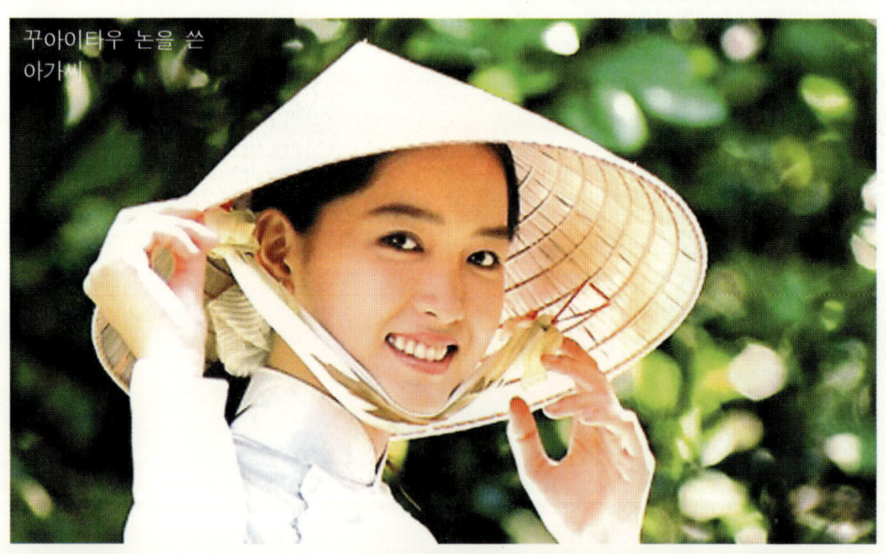

---

1) 꾸아이타우 논 (nón quai thao)은 베트남 전통 모자의 한 종류.

며느리 노래

Bà kia bận áo xanh xanh,
Ngồi trong đám hẹ nói hành con dâu.
Bà ơi! Tôi không sợ bà dâu.
Tôi se sợi chỉ tôi khâu miệng bà.
Chừng nào bà chết ra ma,
Trong chay ngoài hội hết ba chục đồng.
Không khóc thì sợ lòng chồng,
Có khóc cũng chẳng mặn nồng chi đâu.

푸른 옷을 입은 저 아주머니
파 더미에 앉아서 며느리를 험담하네.1)
"시어머니, 그래도 난 무섭지 않아요.
실을 자아내어 시어머니 입을 꿰매겠어요.
언제 당신 죽어 귀신이 될 때
안 제사와 밖 제사를 다 지내도2) 삼십동3)
밖에 안 들어요.
내가 울지 않으면 남편이 슬퍼하고,
울어본들 그건 마음의 눈물이 아니어요."

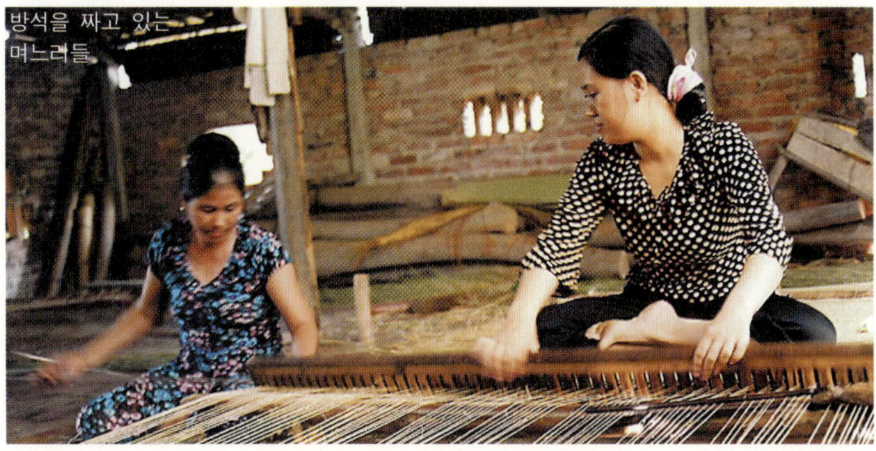

---

1) 파는 베트남어로 하잉(hành), 부추는 헤(hẹ)이다. 이 하잉과 헤를 합성한 단어(nói hành)는 '험담하다'라는 의미를 갖는 동사와 동음이의어다.

2) 베트남 풍습에 장례를 지낼 때 첫 날은 집안에서 제사를 지내고, 다음 날은 묘지에 가기 전 관을 집 바깥의 마당에 놓고 제사한다. '안 제사'와 '밖 제사'라는 말도 거기서 나왔다.

3) 베트남 화폐의 단위. 2009년 1월 현재 12동에 한국 돈 1원 정도.

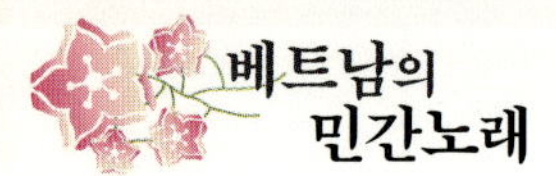

8

빗나간 스님의 노래

<table>
<tr><td>

Ba mươi súc miệng ăn chay,

Sáng ngày mùng một dựng cây trúc dài.

Lâm râm khấn vái Phật Trời,

Biết đâu có nắng mà phơi quần hồng.

Ai ơi hãy hoãn lấy chồng,

Để cho trai gái dốc lòng đi tu.

Chùa này chẳng có Bụt ru?

Mà đem chuông khánh treo chùa Hồ Sen.

Thấy cô yếm đỏ răng đen,

Nam mô đà Phật lại quên mất chùa!

Ai mua tiu cảnh thì mua,

Thanh la não bạt thầy chùa bán cho.

Hộ pháp thì một quan ba,

Long thần chín rưỡi, Thích Ca ba tiền.

Còn hai mụ thiện hai bên,

Ai mua bán nốt lấy tiền nộp cheo.

Lệ làng thiếu thốn bao nhiêu,

Đẵn cây tre mộc cắm nêu sân chùa.

</td><td>

삼십일1)엔 입을 헹구고 채식을 하고2)

초하룻날 아침엔 꺼이쭉따이3)를 만들어

하느님과 부처님께 빌어요

볕이 나와 분홍 바지4)를 말릴 수 있도록

누구라도 시집 감을 미루세요

남자와 여자가 한 마음으로 절에 출가하기 위해서요

이 절에는 부처가 없네요?

호센 절에 종경(鐘磬)을 걸었군요

빨간 앞치마 입고 검은 이5)를 가진 아가씨를 보면서

나무아미타불을 외우다가 절도 잊어버렸네요

누가 선경(仙境)을 살 것인가?

스님이 징과 바라를 팔아줘요

호법신은 한 관에 서냥이요

용신(龍神)은 9냥 반이요, 석가는 석 냥이요

양쪽의 두 삼신할미6)

벌금을 내기 위해 누군가 산다면 다 팔아주세요

마을 법에 벌금을 다 내지 못하면

대나무를 자르고 절 마당에 장대7)를 세워두세요

</td></tr>
</table>

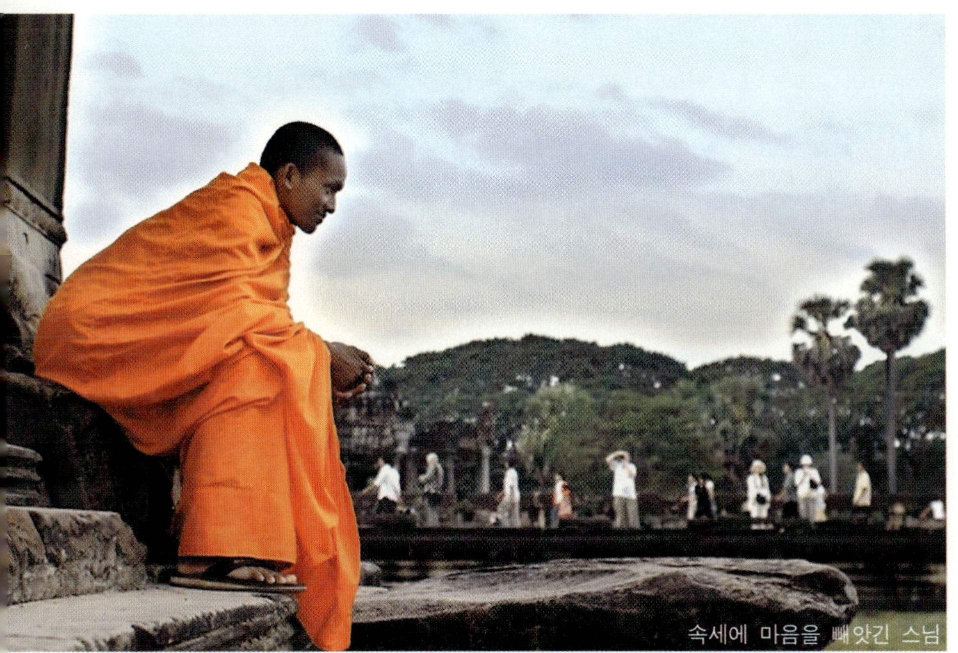

1) 베트남에서는 한 달에 두 번 제사를 지냄.
2) 절의 스님처럼 식사하라는 말.
3) 꺼이쭉따이(cây trúc đài)는 미상.
4) 분홍 바지(quần hồng)는 옛날에 수행원과 구별하기 위해 귀족 가족의 딸들이 입었다.
5) 과거 베트남에서는 이(齒)가 검은 것이 미인의 표상이었다.
6) 산신(産神)이라고도 한다. 옛날에 태(胎)를 보호하는 신을 삼신이라고도 했다. 아기를 낳을 때 '삼신할매의 점지'로 낳는다는 말이 나올 정도로 출산과 관계가 깊던 신격이다.
7) 장대(cây nêu)는 옛날 벌금을 못 내는 사람이나 사생아를 밴 여자를 사람들에게 알려 주기 위해 절의 마당에 세우던 긴 막대를 말함.

9

근원의 노래

Con người có bố, có ông,
Như cây có cội như sông có nguồn.

사람에겐 아버지도 있고 할아버지도 있어요
나무에게 뿌리 있듯이 강에게 수원(水源)이
있듯이.

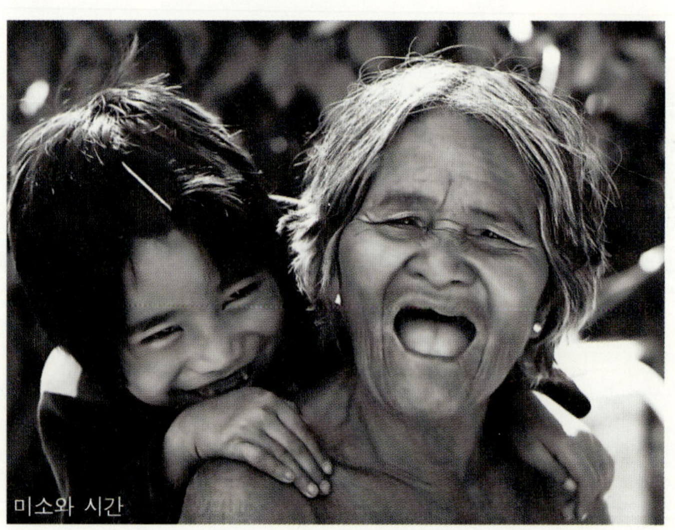

미소와 시간

10

조상숭배의 노래

Công danh hai chữ tờ mờ,
Lấy già khuya sớm phụng thờ tổ tiên.
Khôn ngoan nhờ đức cha ông,
Làm nên phải đoái tổ tông phụng thờ.

공명(功名)은 희미한 두 글자
열심히 공부하고 조상을 숭배하라
출세는 조상 덕이니
출세 후에도 조상을 숭배하라.

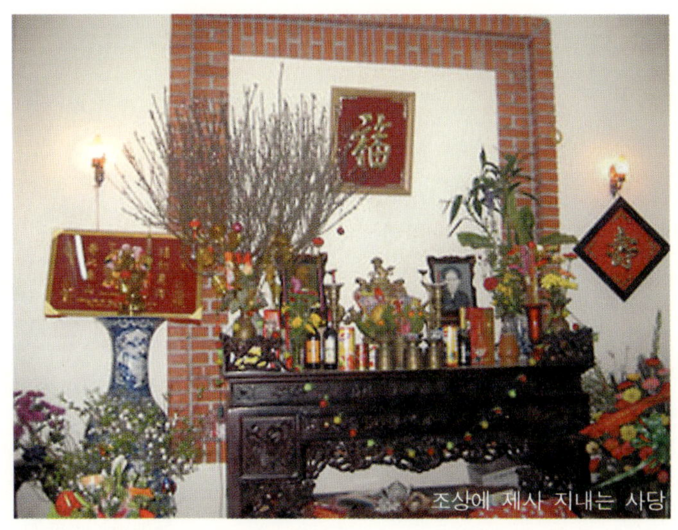

11

효충의 노래

Cây kia ăn quả ai trồng, 누가 심은 나무열매인데 그대는 먹는가?

Sông kia uống nước hỏi dòng từ đâu. 그대가 마시는 강물의 근원은 어디인가?

quân thần hai chữ trên đầu, 머리 위에 군신(君臣) 두 글자

Hiếu trung hai chữ dãi dầu lòng son. 붉은 마음에 효충(孝忠) 두 글자.

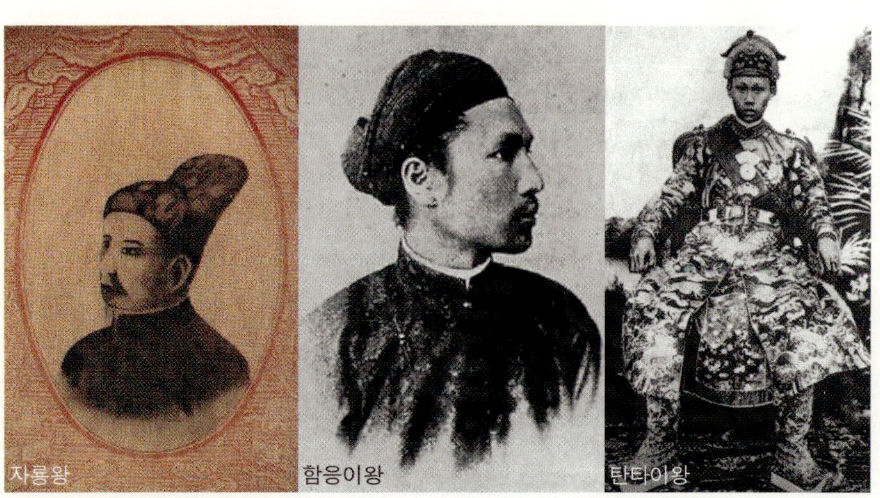

12

사모곡

Chiều chiều ra đứng ngõ sau,
Nhớ về quê mẹ ruột đau chín chiều.

매일 오후 뒷길에 나선다
엄마 계신 고향이 마음에 사무치도록
그립네1)

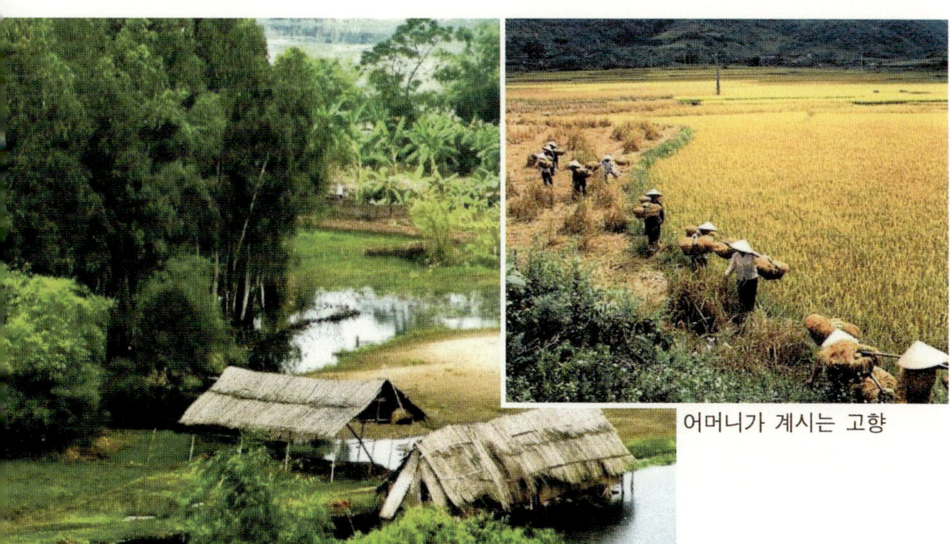

어머니가 계시는 고향

---

1) 베트남 풍습에서는 딸을 보통 친정 가까운 곳으로 시집보낸다. 그래서 시집을 가더라도 가끔 친정에 오면 맛있는 음식과 필요한 것들을 친정어머니가 몰래 싸준다. 그리고 과거에는 시어머니와 며느리의 관계가 좋지 않은 관계로 며느리가 시집에서 어려움을 겪는다. 만약 친정이 가까우면 친정어머니가 도와 줄 수도 있다.

13

사부곡

Cha già tuổi đã đủ trăm, 아버지 나이 백세에 다다르니

Chạnh lòng nhớ tới đằm đằm luy sa. 애달픈 생각에 눈물이 마르지 않네.

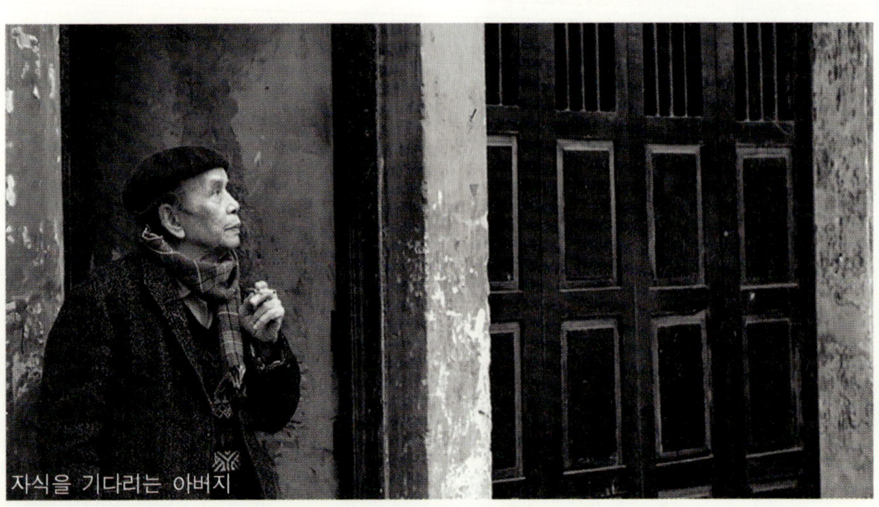

자식을 기다리는 아버지

14

시집가는 노래

Con lạy cha hai lạy một quì,

아버지께 엎드려 두 번 절하고 무릎 꿇어 반절을 더 드려요

Lạy mẹ bốn lạy con đi lấy chồng.

어머니께 엎드려 네 번 절하고 시집가요

Mẹ sắm cho con cái yếm nhuộm nhất phẩm màu hồng,

어머니가 고급 분홍 이엠[1]을 사주셨어요

Thắt lưng đũi tím, bộ nhẫn đồng con đeo tay.

자색 허리띠와 구리반지도 사 주셨어요.

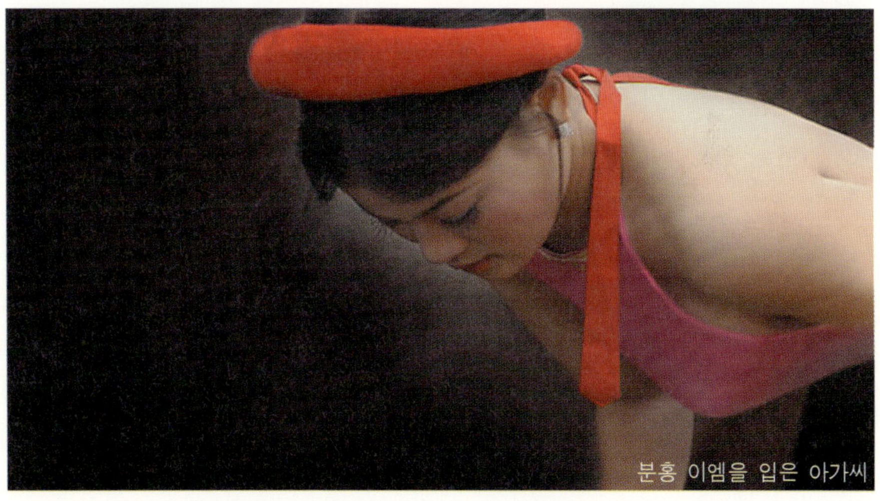

---

1) 분홍색으로 된 속옷인데, 네 모퉁이에 끈을 달아서 뒤로 묶도록 한 웃옷.

15

처녀 풍자의 노래

Con gái làng nào không đẹp bằng gái làng này,

Cái đít nom gầy, cái cổ bong gân.

Cái yếm nâu nó thủng bằng giần,

Răng đên hạt nhót, má hồng trôn niêu.

이 마을의 여자는 어느 마을의 여자보다 예쁘네요

엉덩이가 날씬해 보이고 목도 기네요

갈색치마에 키처럼 구멍이 나있네요

니옷씨1)처럼 까만 이와 냄비밑2)처럼 분홍빰을 가졌네요

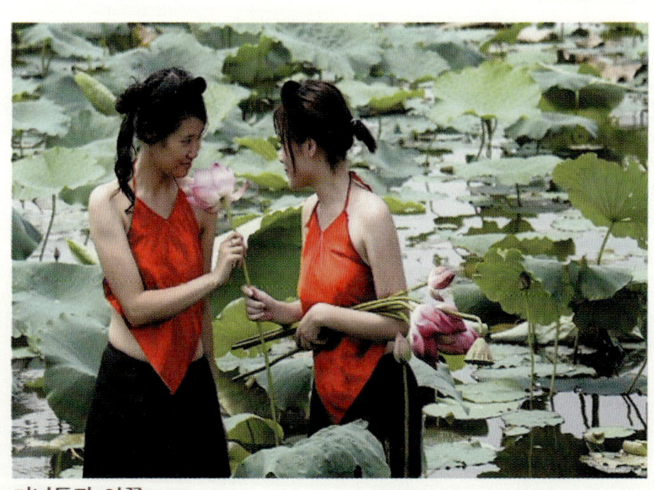

미녀들과 연꽃

---

1) 여자가 검은 색으로 이를 염색하는 것이 전통 풍습이었다.
2) 풍자하기 위해 대조적인 모습을 빌려 쓴 경우다.

16

유혹의 노래

Cô kia khăn trắng tang ai,

흰 수건을 두르고 있는 저 아가씨, 누구의 상중(喪中)인가?

Nhất tang cha mẹ, thứ hai tang chồng.

첫째는 부모님의 상중이요, 둘째는 남편의 상중일세

Tang chồng thì vứt khăn đi,
Tang cha tang mẹ ta thì tang chung.

남편의 상이면 수건을 버리세요
아버지와 어머니의 상이면 같이 한 번 묶으세요.

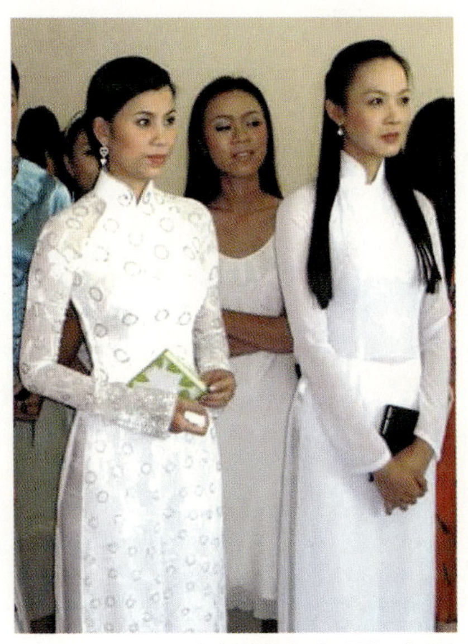

미인대회에 출전한 미녀들

17

교훈가

Cá lên khỏi nước cá khô,
Làm thân con gái loã lồ ai khen.

물고기가 뭍에 올라가면 몸이 말라요
발가벗은 여자를 칭찬할 사람이 있을까?

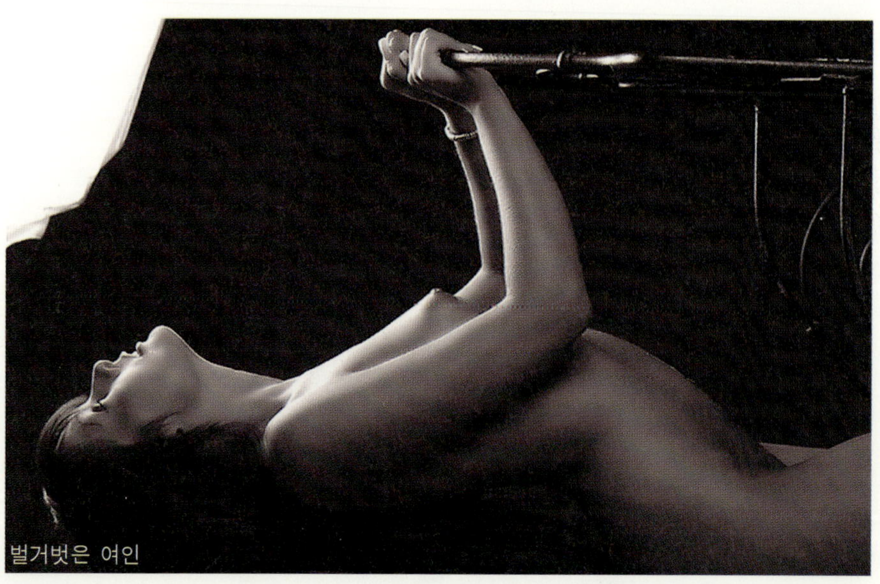

18

여자 행실

Chị dại đã có em khôn,
누나가 어리석으면 똑똑한 동생이 있네

Lẽ đâu mang giỏ thủng trôn đi mò.
어찌하여 구멍 난 바구니를 가지고 가서 더듬어 찾는가?

Em khôn em ở trong bồ,
똑똑한 동생은 집에 있어요

Chị dại chị ở kinh đô chị về.
어리석은 누나가 경도[1])에 갔다 왔어요

Kinh đô thì mặc kinh đô,
경도는 경도예요

Chị đi cho lắm thì đồ chị tan.
여러 사람을 만나면 누나의 정조가 망가져요.

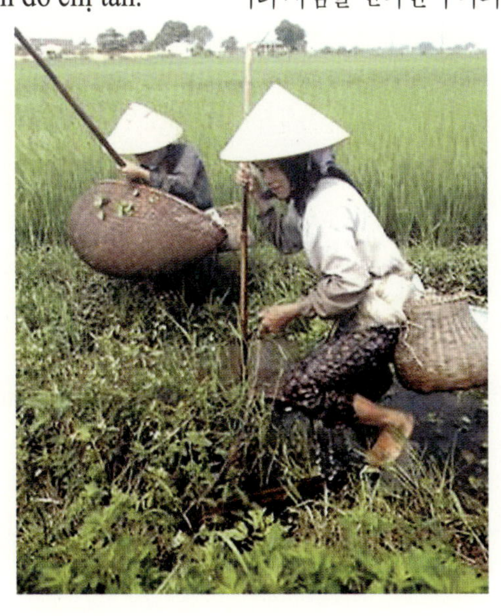

---

1) 서울.

19

우애의 노래

Chị em đã chín mười đời,	자매는 (조상으로부터) 9대나 10대가 되었어요
Chị khó em khó không rời nhau ra.	누나가 어렵고 동생이 어려워도 서로 헤어지지 않아요.

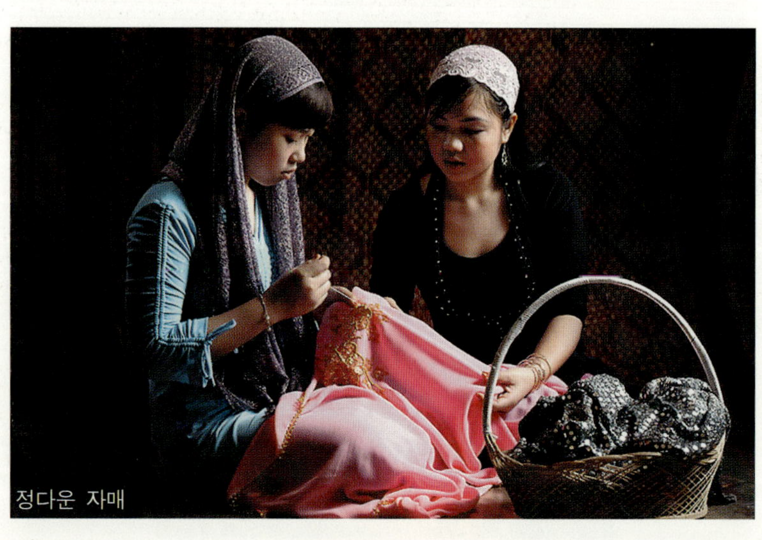

정다운 자매

20

고우꽌의 노래

Cầu Quan vui lắm ai ơi,
Trên thì họp chợ, dưới bơi thuyền
rồng.

고우꽌[1]은 참 즐거운 곳이에요, 여러분!
다리 위에는 상인들이 몰려들고 밑에서는
용배를 타지요.

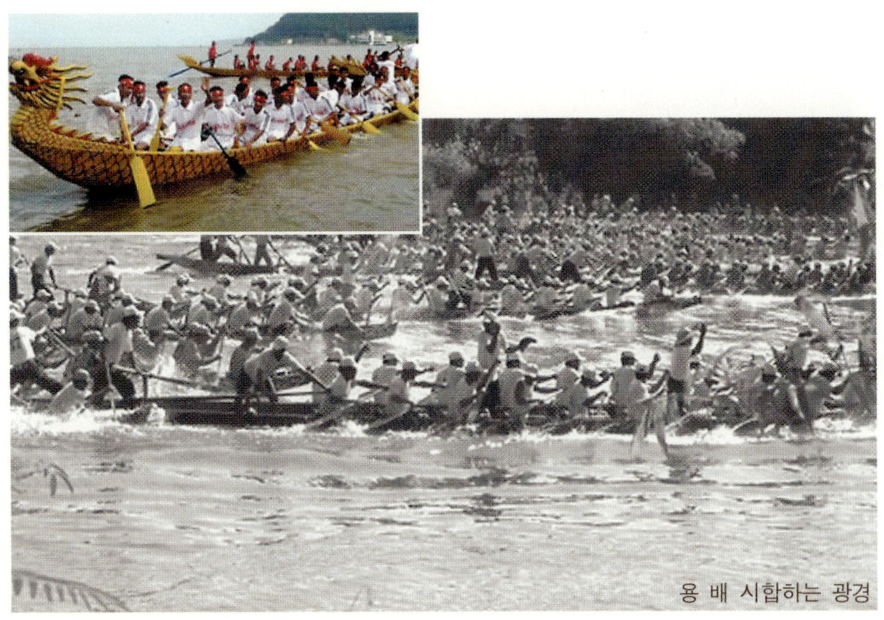

용 배 시합하는 광경

---

1) 고우꽌(cầu quan)은 다리 이름.

21

주어개오 축제의 노래

Dù cho cha mẹ mắng treo,
Em không bỏ hội chùa Keo hôm rằm.

부모님으로부터 야단을 맞고 벌을 받아도
나는 주어개오1)의 보름 축제를 놓치지
않을래요.

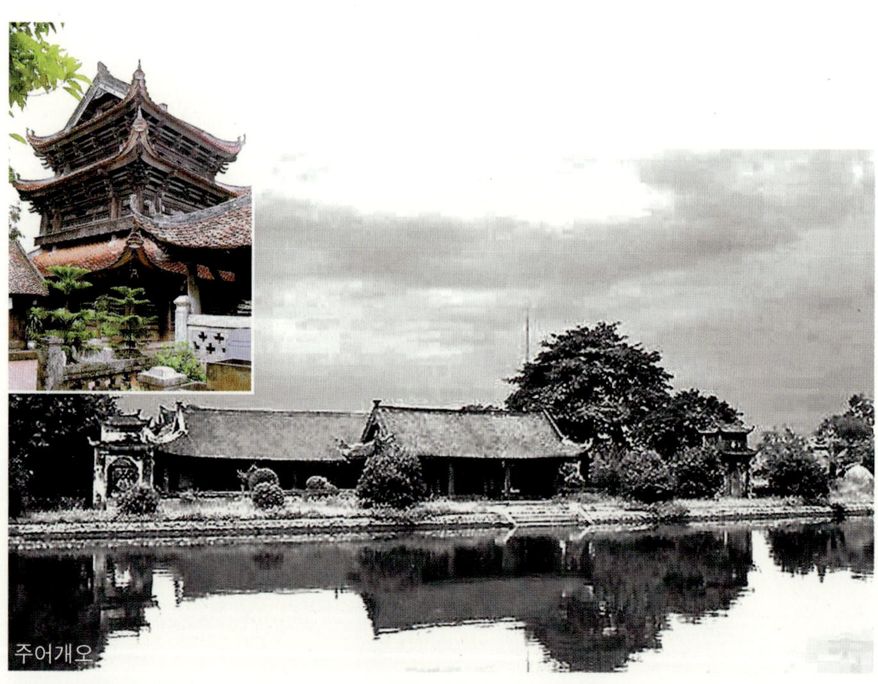

---

1) 주어개오(Chùa Keo)는 타이빈성(Thái Bình)에 있는 유명한 절.

22

녹비엔 축제의 노래

Cơm chiều ăn với cá ve,
Anh về Nốc Biển mà nghe câu hò,

Mấy người hát tối hôm qua,
Hôm nay ra hát cho qua hát cùng.

저녁밥은 배물고기1)랑 먹어요
누군가가 녹비엔2)에 가서 뱃노래를
들으세요
엊저녁 노래를 부른 사람들이
오늘도 나와서 노래를 부르재요

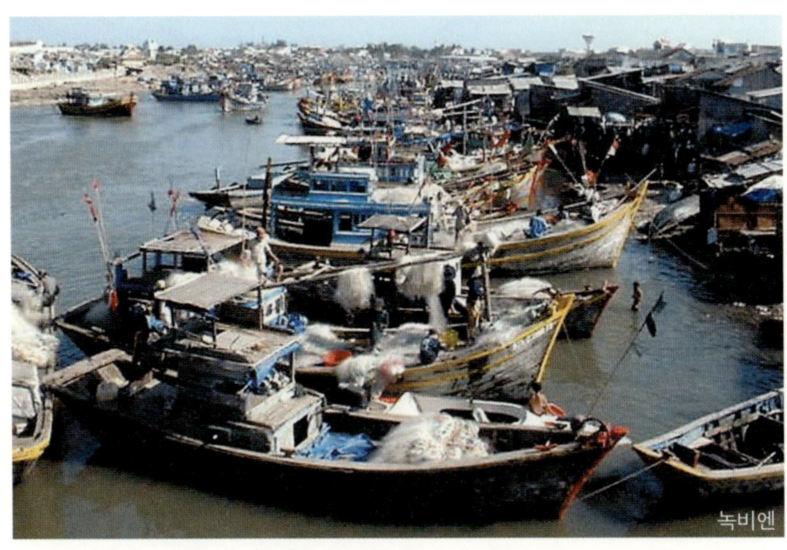

---

1) 배물고기(cá ve)는 물고기의 한 종류.
2) 녹비엔(Nốc Biển)은 지역 이름.

23

인민승리의 노래

Con vua thì lại làm vua,

Con sãi ở chùa thì quét lá đa.

Bao giờ dân nổi can qua,

Con vua thất thế lại ra quét chùa.

왕의 자녀는 왕위에 올라가고

승려의 자녀는 벵갈 보리수잎을 쓸어요

그러나 언제나 인민이 일어나면

왕의 자녀가 패해서 절을 쓸러 가지요.

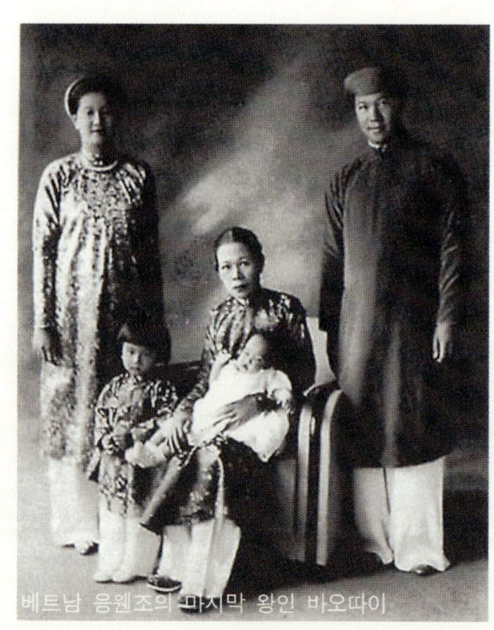
베트남 응웬조의 마지막 왕인 바오따이

24

귀환의 노래

Dù ai buôn đâu, bán đâu,
누구든 어디로든 장사 나가더라도

Mùng mười tháng chín chọi trâu thì về.
구월 십일 물소싸움 땐 돌아오세요.

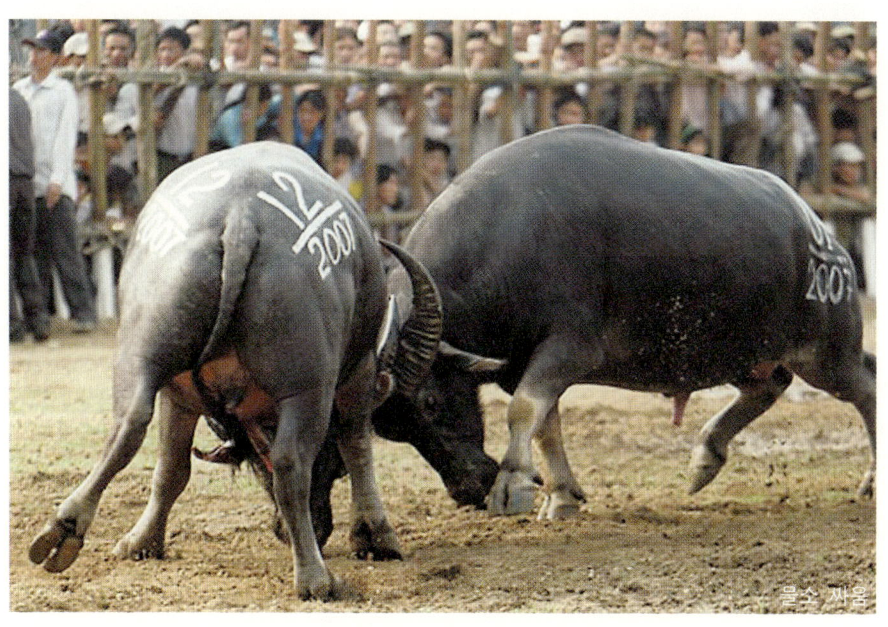

물소 싸움

25

모친 봉양의 노래

Đói lòng ăn hột chà là,
Để cơm nuôi mẹ, mẹ già yếu răng.

배가 고프면 자나씨1)를 먹으세요
늙고 치아가 약한 어머니를 봉양하려면 밥을
남기세요

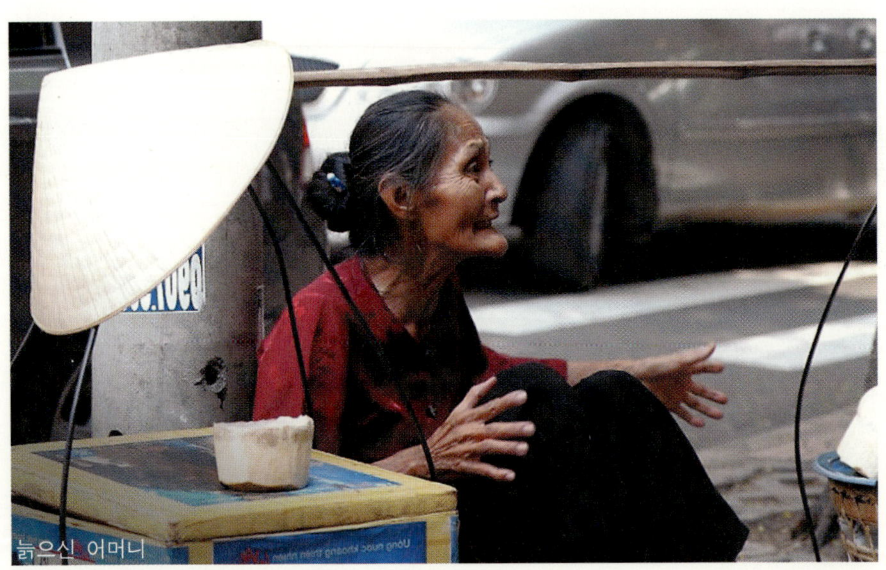

---

1) 자나씨(hột chà là)는 열매 씨의 한 종류.

26

복식의 노래

Đàn ông đóng khố đuôi lươn,

남자는 뱀장어 꼬리 모양의 국부 가리개1)를 차요

Đà bà mặc yếm hở lườn mới xinh.

여자가 허리가 보이는 이엠을 입으면 예뻐요.

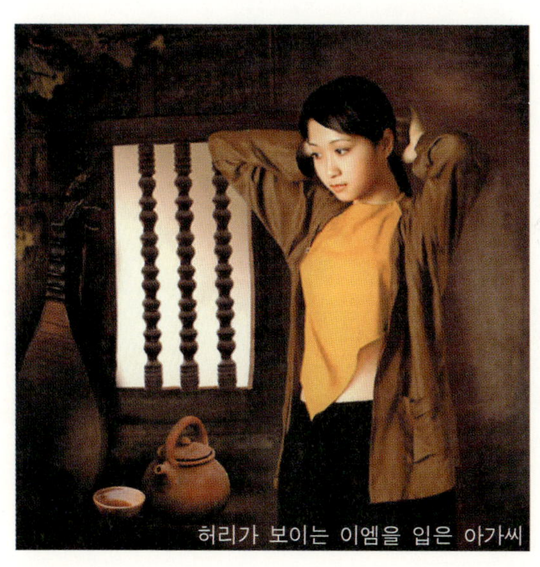

허리가 보이는 이엠을 입은 아가씨

____

1) 옛날에 베트남의 남자들은 뱀장어 꼬리로 만든 국부 가리개를 찼다.

27

부부의 노래

Đêm khuya thiếp mới hỏi chàng,
Cau khô ăn với trầu vàng xứng không?

늦은 밤에 당신을 물어요
마른 빈랑 나무열매1)를 노란 쩌우2)와
먹으면 어울리나요?

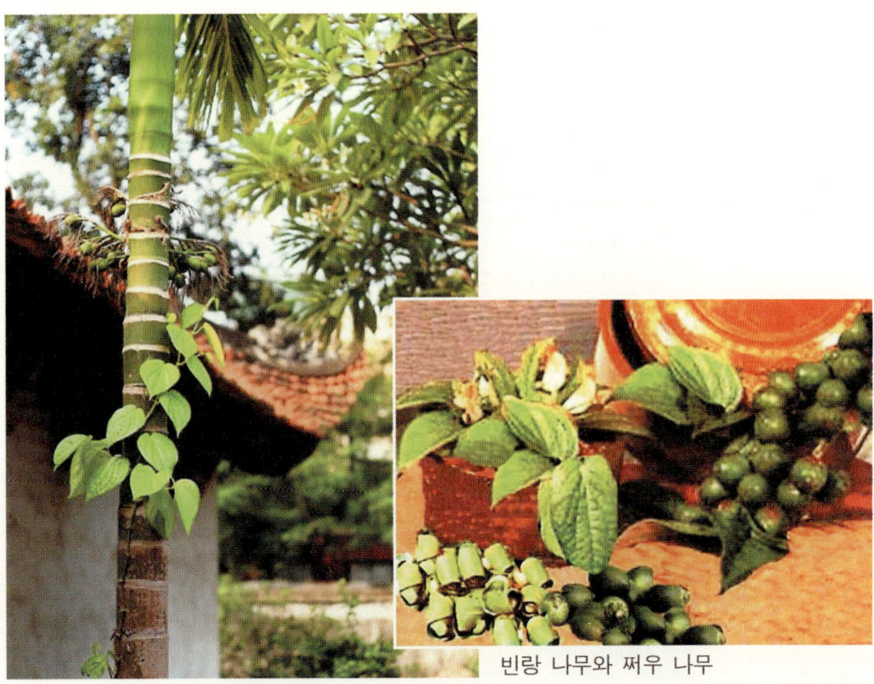

빈랑 나무와 쩌우 나무

1) 결혼식이나 장례식에 빈랑 나무열매(quả cau)로 음식을 만들어 먹는다. 빈랑나무열매와 구장 잎을 석회와
함께 먹으면 빨간 물이 나온다.
2) 쩌우(lá trầu)는 빈랑나무열매 및 석회와 함께 먹는 전통 음식.

28

악기의 노래

Đàn bầu khéo gảy thời nghe,
Làm thân con gái chớ nghe đàn bầu.

딴보우[1]를 잘 뜯으면 좋지만
여자야말로 딴보우를 듣지 마세요

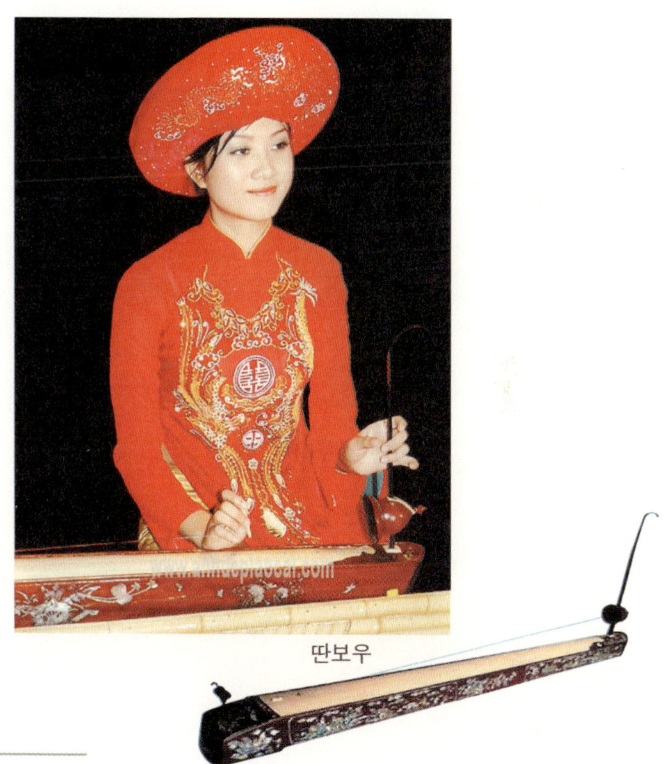

딴보우

---

1) 딴보우(đàn bầu)는 외줄로 된 베트남 고전 악기로 독현이다. 소리가 고우면서도 슬픈 감정을 잘 표현하는
악기들 가운데 하나다.

29

삶의 노래

Đàn ông chớ kể Phan-Trần,
Đà bà chớ kể Thuý Vân, Thuý Kiều.

남자한텐 반-전1)을 이야기해 주지 마세요
여자한텐 투이번-투이께우2)를 이야기해
주지 마세요.

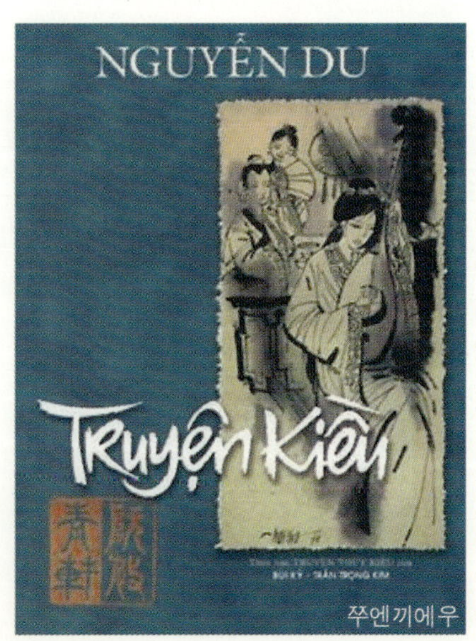

---

1) 반-전(Phan Trần)은 쯔놈으로 쓴 문학작품인데, 봉건시대에 평민들이 만들었다. 이 작품이 봉건 사회의 도덕 즉 충군(忠君), 효도 사상과 맞지 않으므로, 남자란 '반전'처럼 행동해서는 안 된다고 강조했다.
2) 투이번-투이께우(Thúy Vân - Thúy Kiều)는 「끼에우전」에 나온 두 자매이며, 투이께우는 아주 험하고 힘든 삶을 살아간다. 여자가 이 이야기를 들으면 끼에우의 인생처럼 힘들겠다고 생각하여, 여자라면 이 이야기를 읽지 말라고 권한 것이다.

제사의 노래

Đu tiên mới dựng năm nay,	신선의 그네를 올해 새로 만들었어요.
Cô nào hay hát kỳ này hát lên.	노래를 자주 부르는 아가씨, 이번엔 노래를 부르세요
Tháng ba nô nức hội đền,	삼월은 흥겨운 절의 축제
Nhớ ngày giỗ tổ bốn nghìn năm nay.	사천년 조상의 제삿날을 기억하세요
Dạo xem phong cảnh trời mây,	하늘과 구름 풍경을 보러 가요
Lô, Đà, Tam Đảo cũng quay đầu về.	로, 따, 땀따오로부터도 돌아와요.1)
Khắp nơi con cháu ba kỳ,	삼기2)의 여러 곳에 사는 자손들
Kẻ đi cầu phúc, người đi cầu tài.	복을 빌러간 사람들과 재물을 빌러간 사람들이에요
Sở cầu như ý ai ai,	빌어서 만족한 누구든
Xin rằng nhớ lấy mùng mười tháng ba.	삼월십일3)을 기억하기 바래요
Nhớ ngày mùng bảy tháng ba,	삼월 칠일날 기억하세요
Trở về hội Láng, trở ra hội Thầy.	랑4) 축제에 돌아오고 터이5) 축제에 돌아가세요

---

1) 베트남의 지역 이름들.
2) 베트남을 '북기-중기-남기' 등 삼기로 나누었음.
3) 베트남 시조의 제삿날.
4) 베트남의 지역 이름. 하노이 안에 있음.
5) 하떠이성(Hà Tây)에 있는 절.

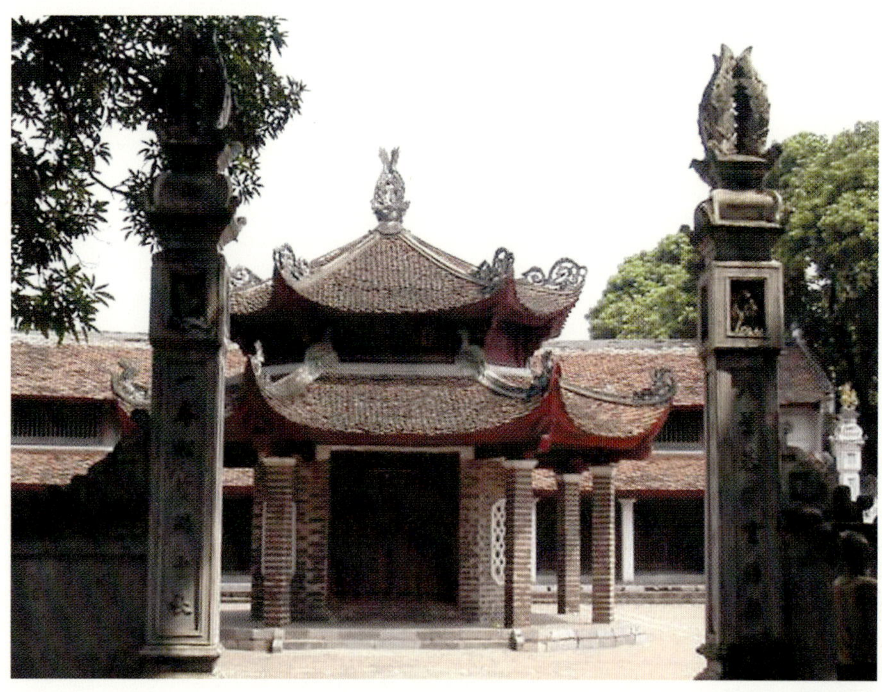

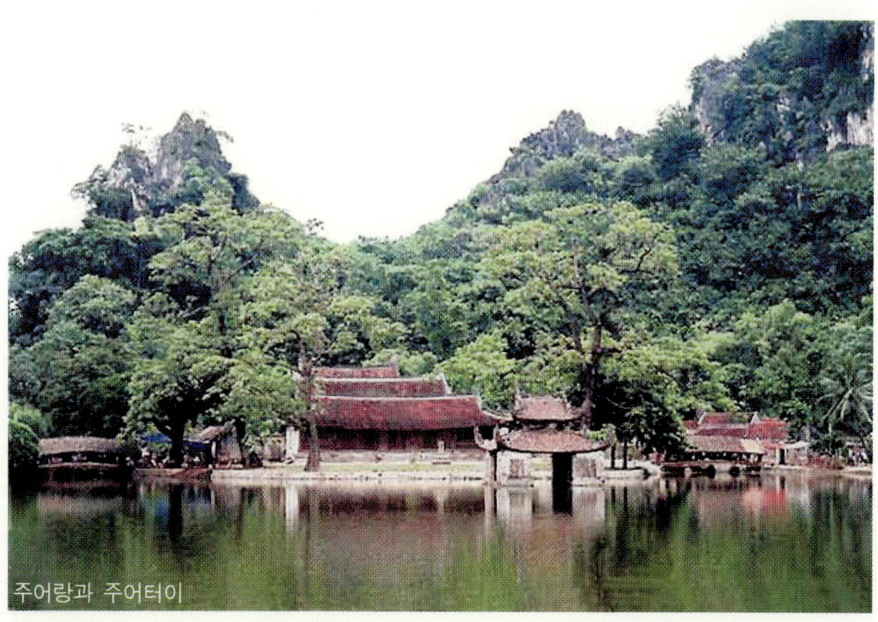

주어랑과 주어터이

31

결혼의 노래

Em về thưa mẹ cùng thầy,	그대는 돌아가서 부모님께 말씀드려요
Cho anh được cưới tháng này anh ra.	결혼을 허락하시면 이번 달엔 내가 나가지요
Anh về thưa với mẹ cha,	나도 돌아와서 부모님께 말씀 드릴래요
Bắt lợn sang cưới, bắt gà sang cheo.	돼지와 닭을 지참금으로 삼아 결혼하러 갈래요.

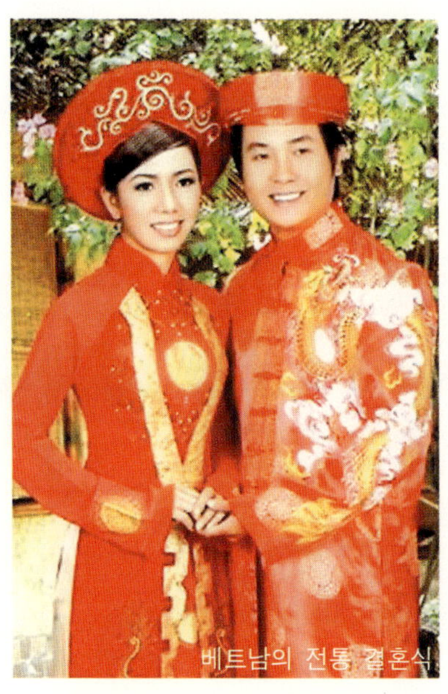

32

사랑의 노래

Gặp nhau một chút nên duyên,	잠깐 만나도 인연이지요
Xin mời bên đó cất lên cùng hò,	저 쪽과 노래를 함께 하세요
Ai có chồng nói chồng đừng sợ,	남편이 있으면 남편한테 걱정 말라 하세요
Ai có vợ nói vợ đừng ghen.	아내가 있으면 아내한테 질투하지 말라 하세요
Tới đây hò hát cho quen,	이리 와서 노래를 부르세요
Rạng ngày ai về nhà lấy, không há	낮이면 따로 자기의 집에 가니
dễ ngọn đèn hai tim.	등잔 심지처럼 두 마음 되기 쉽지 않아요.

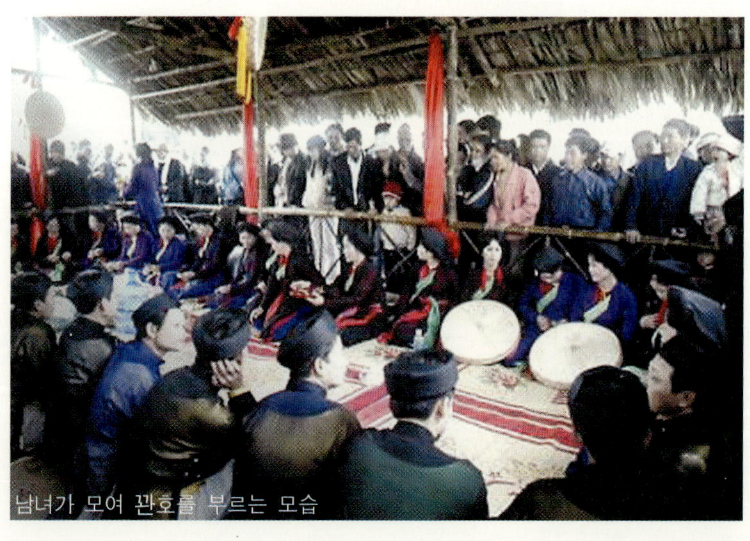

33

지참금의 노래

Gà nào hay bằng gà Cao Lãnh,
Gái nào bảnh bằng gái Tân Châu.

Anh thương em chẳng ngại sang giàu,
Mứt hồng đôi lượng trà tàu đôi cân.

어느 곳의 닭도 가오란1) 닭보다 맛이 덜 해요
어느 곳의 여자라도 떤조우2)여자보다 덜 예뻐요

내가 당신을 사랑하니까 부유하든 가난하든 걱정하지 않아요
붉은 감 두 냥3)과 녹차 두 근이에요

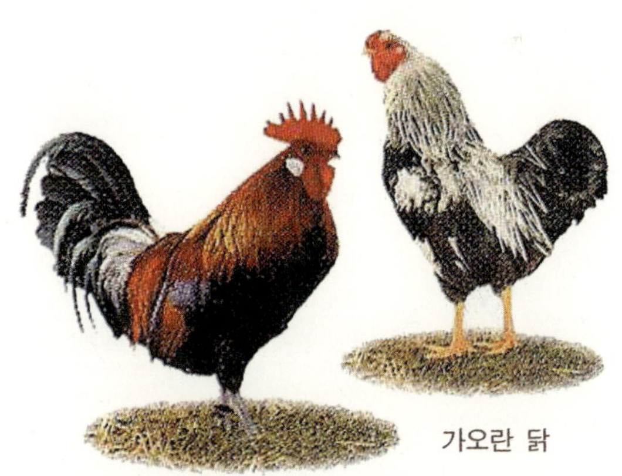

가오란 닭

---

1) 가오란 (Cao Lãnh)은 똥탑 (Đồng Tháp)성에 있는 지역.
2) 떤조우(Tân Châu)는 지역이름.
3) 르엉(lượng)은 중량 단위. 1 르엉은 100g 이다.

34

유혹의 노래

hỡi cô yếm thắm loà loà,
Sao cô không bảo mẹ già nhuộm thâm?

Ước gì anh được ở gần,
Để anh nhuộm hộ thắm nhuần công anh.

붉은 이엠을 입은 아가씨
늙으신 어머니께 흑빛으로 염색해
주라고 말씀 드리지 않는가요?
내가 가깝게 살면
염색해 줄 수 있을 텐데요

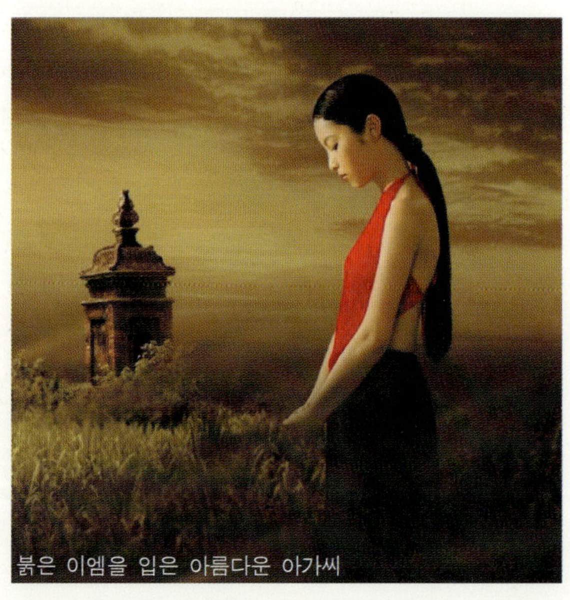

붉은 이엠을 입은 아름다운 아가씨

35

욕정의 노래

Hỡi cô yếm thắm đeo bùa,
Bác mẹ có bán anh mua nửa người.

Anh mua từ rốn đến đùi,
Từ bụng đến mặt mặc trời với em.

부적을 걸고 있는 분홍 속옷의 아가씨
어머니께서 그대를 파신다면 내가 그 반을
사겠어요
내가 배꼽부터 가랑이까지 사지요
배부터 얼굴까지는 하늘에 맹세코 관심이
없어요.

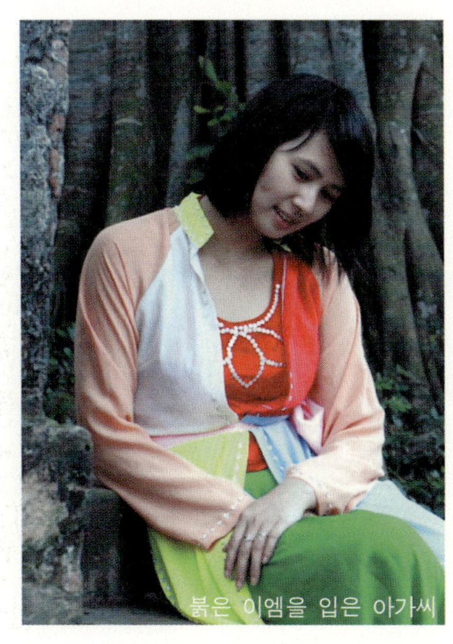

36

각거굴의 노래

Hội chùa thầy[1] có hang Các Cớ[2],
Trai chưa vợ nhớ hội chùa Thầy.

주어터이 절의 축제에는 각거 굴이 있어요
아내가 없는 남자가 주어터이 절 축제를
그리워해요

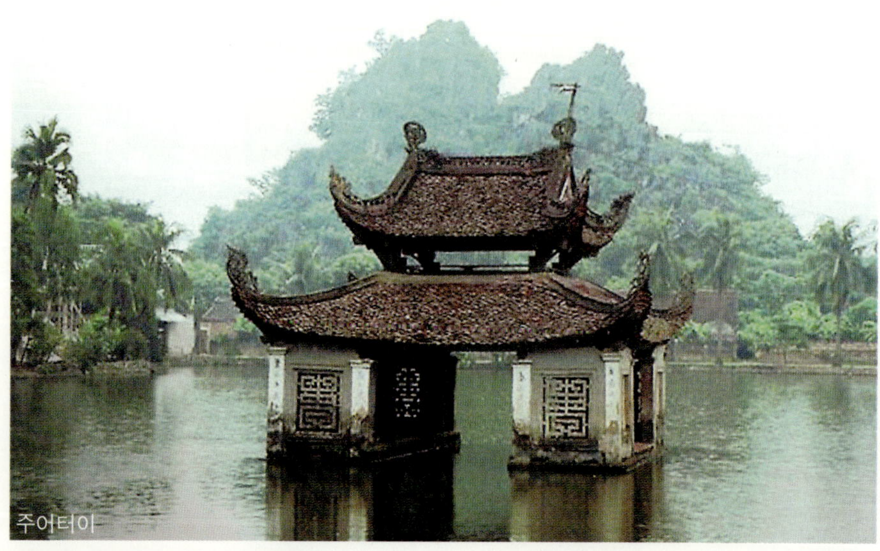

1) 주어터이(chùa Thầy)는 하떠이성(Tỉnh Hà Tây)에 있다.
2) 각거굴(Hang Các Cớ)은 주어터이에 있는데, 사람들은 총각이나 노처녀가 이 동굴에 들어갔다가 나오면
반드시 결혼하고, 연애하는 사람들이 각거굴에 들어갔다가 나오면 반드시 헤어진다고 믿는다.

37

유혹의 노래

Hát cho con gái có chồng,

Con trai có vợ, mẹ dòng có con.

Còn trời còn nước còn non,

Còn câu quan họ em còn say sưa.

Hát đàn cho rạng đông ra,

Mai về quan bỏ nhà pha cũng đành.

여자가 남편을 생기게 해달라고 노래를 불러요

남자는 아내를 구하고 아줌마는 자식을 점지해 달라고

하늘이 있고 물이 있고 산이 있어요

꽌호노래1)가 아직 남아 있으면, 그 노래에 빠져요

새벽이 될 때까지 같이 노래를 부르세요

내일 관리가 감옥에 가두어도 돼요

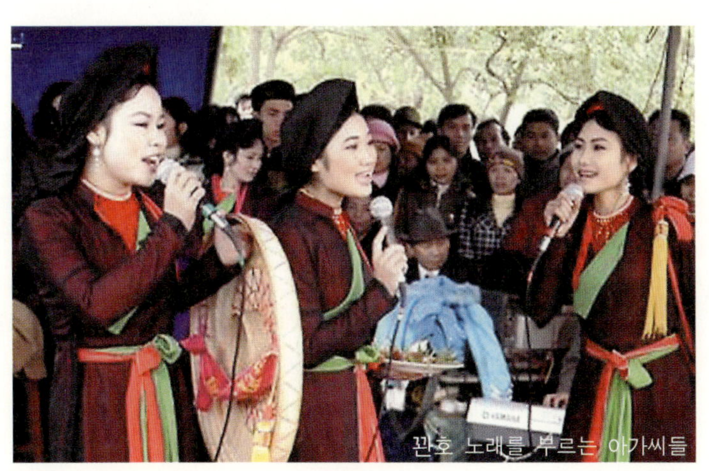

1） 베트남의 고도(古都) 박닌(Bắc Ninh)성의 옛 노래.

38

축제의 노래

Kẻ Dẫu có án Đình Thành,
Kẻ Hạc ta có ba Đình, Ba Voi.

Mười tám cất thuyền xuống bơi,
Mười chín giã bánh, hai mươi rước thần.

개조우1)에는 떤탄암2)이 있어요
우리 개학3)에는 세 개의 정과 세 개의
코끼리가 있어요
십팔일 날에 배를 물에 내려 저어요
십구일 날 떡을 찌고 이십일 날에 신을
모시고 돌아요

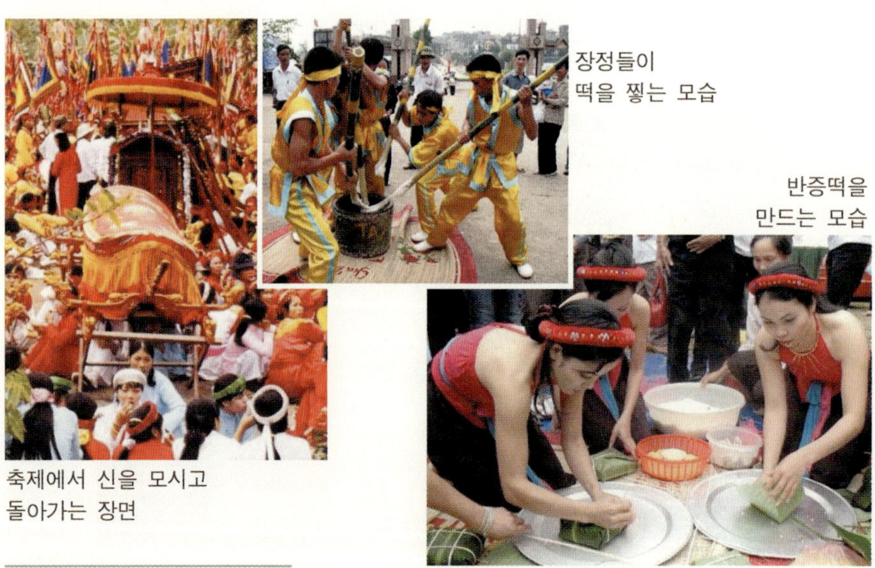

장정들이
떡을 찧는 모습

반증떡을
만드는 모습

축제에서 신을 모시고
돌아가는 장면

---

1) 개조우 (Kẻ Dẫu)는 지역 이름.
2) 절 이름.
3) 개학(Kẻ Hạc)은 지역 이름.

39

악천후의 노래

Làng ta phong cảnh hữu tình,	우리 마을은 경치가 아름다워요
Dân cư giang khúc như hình con long.	마을 모양은 용이 날아가는 듯
Nhờ trời hạ kế sang đông,	하늘 덕분에 여름부터 겨울까지
Làm nghề cày cấy vun trồng tốt tươi.	농업을 하니, 곳곳이 푸르러요
Vụ năm cho đến vụ mười,	오월 모작부터 시월 모작까지
Trong làng kẻ gái người trai đua nghề.	마을에서 남자와 여자가 시합을 해요
Trời ra, gắng, trời lặn, về,	해가 뜨면 열심히 하고 해가 지면 돌아오지요
Ngày ngày tháng tháng nghiệp nghề truân chuyên.	일일 월월 열심히 하네요
Dưới dân họ, trên quan viên,	밑에 많은 인민 위에 여러 관리들
Công bình giữ mực cầm quyền cho thay.	공평하게 법을 지키고 지도하네요
Bây giờ gặp phải hội này,	이제 이런 일을 당하네요
Khi trời hạn hán khi hay mưa dầm.	어떤 때는 가물고 어떤 때는 이슬비가 내리지요
Khi thì gió bão ầm ầm,	어떤 때는 폭풍이 거세지요
Đồng tiền lúa thóc mười phần được ba.	돈과 쌀은 십분지 일밖에 못 건지네요
Lấy gì đăng nạp nữa mà,	무엇으로 세금을 납부할까요?
Lấy gì công việc nước nhà cho đang.	무엇으로 국가를 건설할까요?
Lấy gì sưu thuế phép thường,	무엇으로 세금을 낼까요?
Lấy gì bỗ chợ đong lường làm ăn.	무엇으로 팔고 살까요?
Trời làm khổ cực hại dân,	하늘이 인민을 힘들게 만드네요
Trời làm mất mát có phần nào chăng.	하늘 때문에 흉년이 드네요

베트남의 아름다운 자연

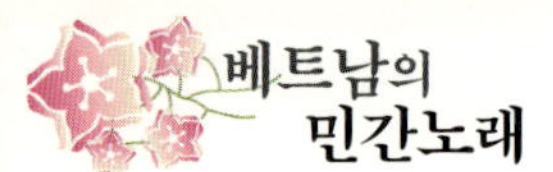

40

사농공상의 노래

Sĩ, nông, công, thương.

Nhất sĩ nhì nông,

Hết gạo chạy rông,

Nhất nông nhì sĩ.

사(士), 농(農), 공(工), 상(商)

첫째는 사, 둘째는 농이며.

쌀이 없어 돌아갈 땐

첫째는 농, 둘째는 사이라네.

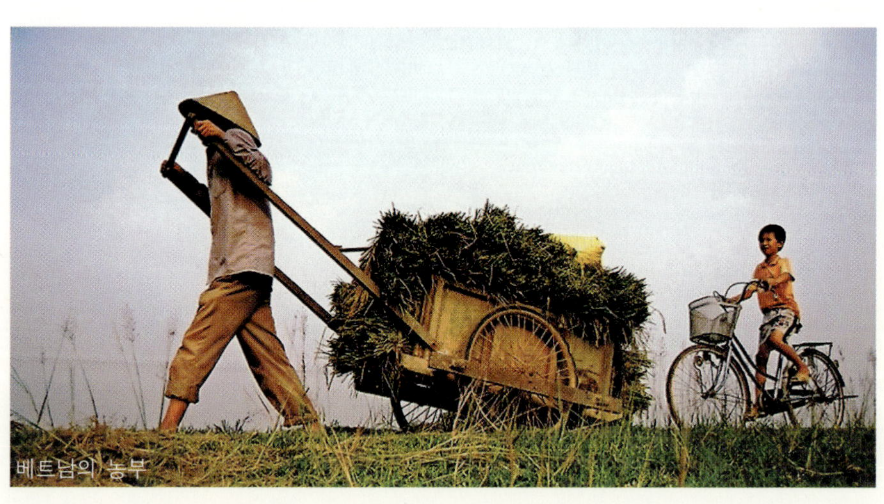
베트남의 농부

41

열녀의 노래

Lấy chồng thì phải theo chồng,   시집가면 남편을 따라야 해요
Chồng đi hang rắn, hang rồng cũng đi. 뱀굴이든 용굴이든 남편이 가면 따라가요

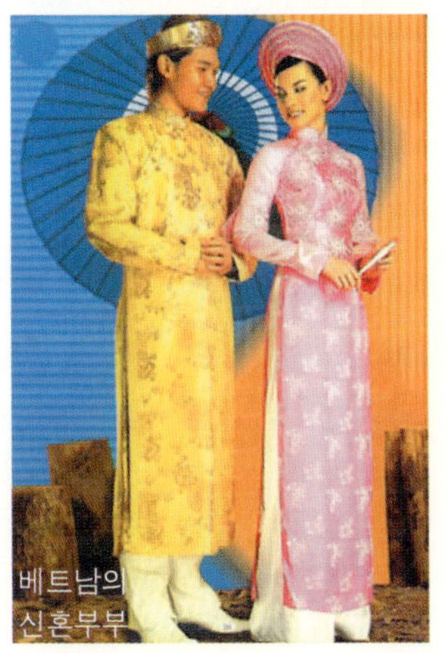

42

열녀의 노래

Lấy chồng thì phải theo chồng,   시집가면 남편을 따라야 해요
Thôi đừng theo thói cha ông nhà mình. 우리 조상을 따라가지 마세요.

43

장부의 노래

Làm trai đi biển đi sông	남자가 바다나 강에 가는데
Vào đây gặp bãi cát nông mà buồn.	물이 없는 모래밭이라서 슬퍼져요
Làm trai đứng ở trên đời,	남자가 세상에 서려면
Sao cho xứng đáng giống nòi nhà ta.	우리 집의 전통에 어울리게 하세요
Ghé vai gánh đỡ sơn hà,	어깨를 기울여 산하(山河)를 메고
Sao cho tỏ mặt mới là trượng phu.	유명해져야 장부가 돼요
Mẹ cha công đức sinh thành,	부모님의 공덕으로 잘 자라났으니
Ra trường thầy dạy học hành cho hay.	학교에 가서 선생님께 잘 배우세요

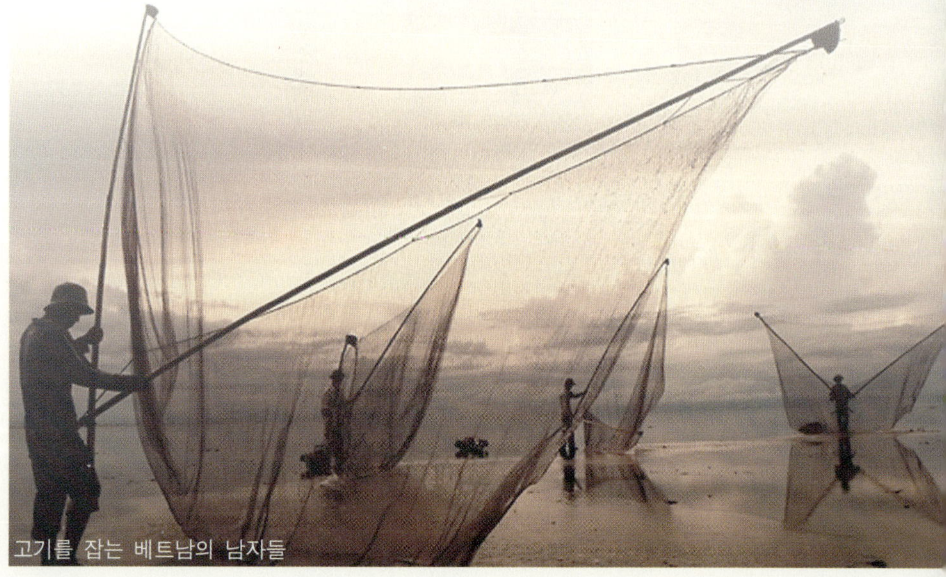
고기를 잡는 베트남의 남자들

축제의 노래

Mùng bảy hội Khám, mùng tám hội Dâu,
Mùng chín đâu đâu trở về hội Gióng.

칠일날은 캄 축제[1], 팔일날은 저우 축제[2]
구일날엔 어디 있든 저옹 축제[3]에 돌아와요

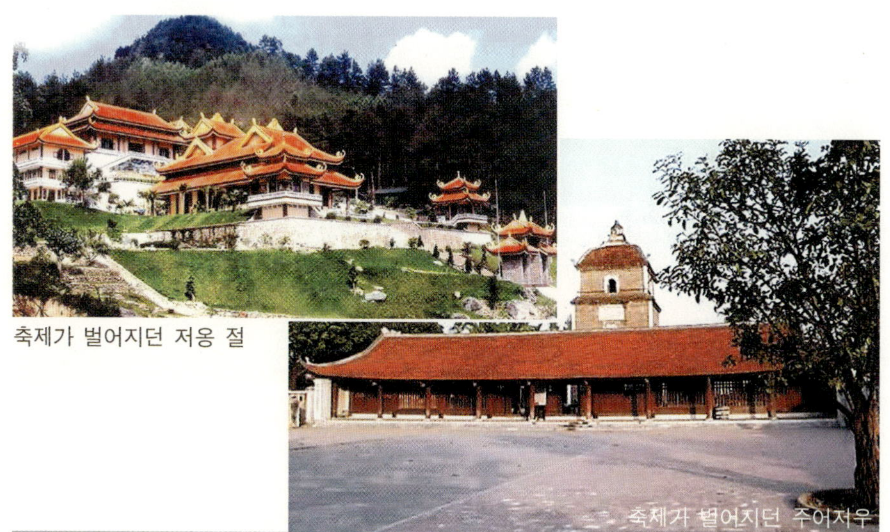

축제가 벌어지던 저옹 절

1) 캄(Khám)은 절 이름.
2) '저우'는 절 이름.
3) 저우 축제 (hội Dâu)는 박닌 (Bắc Ninh)성에 있는 저우 절 (Chùa Dâu)의 축제이다.

45

농부의 노래

Nay mừng những kẻ nông phu,	농부들을 축하하네
Cầu cho hoà cốc phong thu bình thời,	오곡이 풍부하기를 바래요
Vốn xưa nông ở bậc hai,	옛날에 농업은 두 번째였는데
Thuận hoà, mưa gió nông thời lên trên.	비와 바람이 조화로워서 농업이 위로 올라갔네
Quí hồ nhiều lúa là tiên,	쌀은 많은 것이 신선(神仙)이에요
Rõ ràng phú túc bình yên cả nhà.	생활이 넉넉해야 집안이 평안스러워요
Bốn mùa xuân hạ thu đông,	네 계절 춘,하,추,동
Muốn cho tiền lúa đầy nhà hán sương.	집에 돈과 쌀을 가득 채우기를 원해요
Bước sang hạ giá thu tàng,	여름철 지나거나 가을이 지나거나
Thu thu liễn hoạch giàu sang Thạch Sùng.	추추 열확 석승이가 부자라오
Quý nhân cùng kẻ anh hùng,	귀인과 영웅과
Rắp toan muốn hỏi nhà ông ê chề.	결혼을 시켜려고 하여 부러워요
Thực thà chăm chỉ thú quê,	성실하게 열심히 농사를 지으세요
Chuyên nghề nông nghiệp là nghề vinh quang.	농업은 자랑스럽고 영광스런 직업이에요
Gặp thời là được thọ khang,	운이 좋으면 오래 살고 건강해져요
Tam đa ngũ phúc rõ ràng trời cho.	삼다오복은 분명 하느님이 주셨어요

풍년의 들판과 농부

46

상례의 노래

Nhẽ thì anh chẳng để tang,
Để năm ba tháng kẻo nàng cực thân.

원래 거상(居喪)하지 않지만
그대가 비참하지 않도록 석 달이나 다섯 달
거상할래요

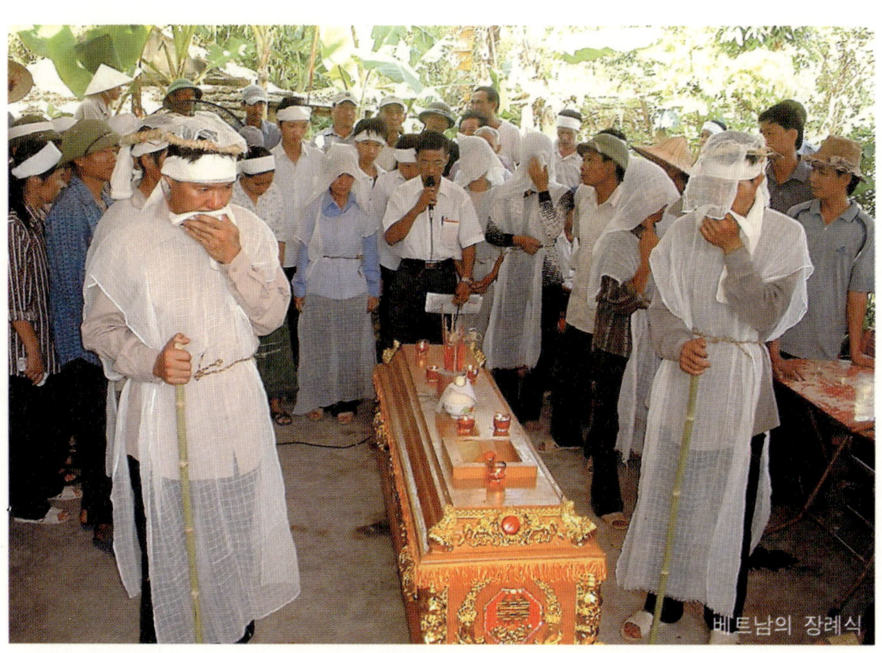

47

여자의 마음

Ngại vì một nỗi xa đàng,

Bác mẹ chưa biết họ hàng chưa hay.

Anh có lòng thương chờ đợi ít ngày,

Được phép mẹ thầy anh hãy vãng lai.

Trước răng sau rứa không sai.

먼 길 때문에 걱정하네

부모도 모르고 친척도 모르네

사랑하는 마음이 있으면 잠깐 기다려 주세요

부모님이 허락하면 놀러 와요

앞에도 뒤에도 틀림없이 한마음이에요

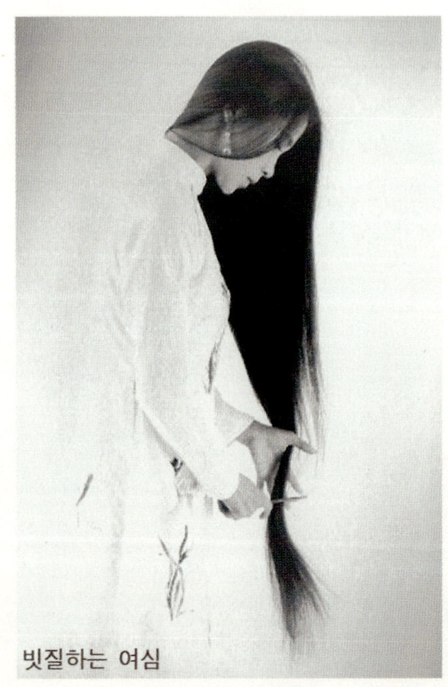

빗질하는 여심

48

결연의 노래

Nghinh hôn, giá thú bất khả luận tài,
재능과 결혼은 관계 없어요

Trăm năm chẳng hiệp duyên hài,
백년 인연이 맞지 않아서

Anh nằm lăn xuống bệ anh lạy dài ông Tơ.
제단에 엎드려 옹떠1)를 제사 지내요

Khi nào nên đạo vợ chồng,
언제 부부가 되면

Mua con gà sống lễ Tơ Hồng giữa sân.
살아 있는 닭을 사서 마당에서 빨간

노끈을 묶는 제사를 지내요

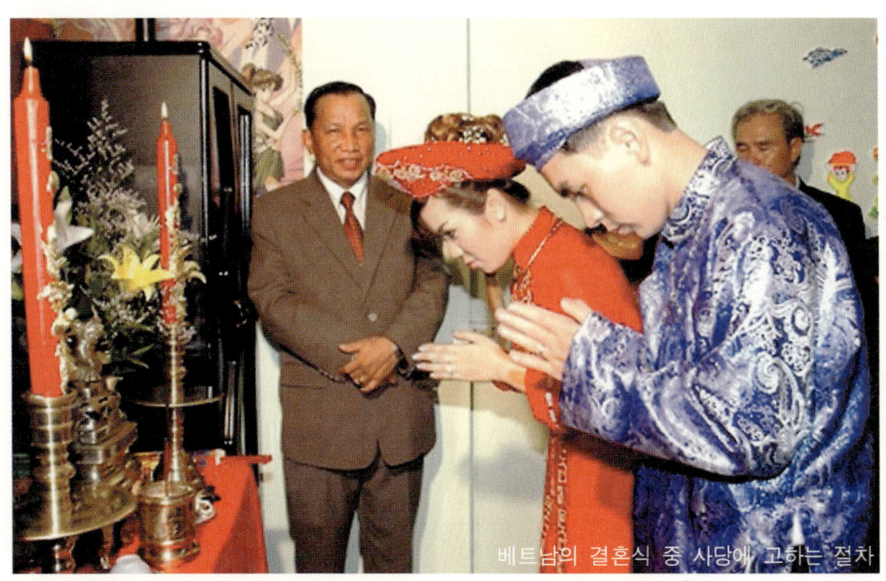

____

1) 옹떠(ông tơ)는 남녀의 인연을 맺어주는 신.

49

외로움의 노래

gồi buồn trách mẹ trách cha,
Trách ông Nguyệt Lão, trách bà xe
dây.

짝이 없는 외로움에 앉아서 부모님을 원망해요
월노(月老) 할아버지를 원망하고 인연 줄을 맺는
월노 할머니를 원망해요

50

행실 나쁜 여자

Nồi nát lại về Cầu Nôm,
Con gái nỏ mồm về ở với cha.

고장 난 냄비는 고우 놈1)에 돌아가고
입이 가벼운 여자는 친정에 돌아와서
아버지랑 사네2)

---

1) 고우놈(cầu Nôm)는 지역이름. 옛날 여기에 냄비를 만들던 마을이 있었다.
2) 시집갔다가 말조심을 못해서 쫓겨난 여자의 이야기.

51

교훈의 노래

Người trên ở chẳng chính ngôi,
Khiến cho kẻ dưới chúng tôi hỗn hào.

윗사람이 솔직하게 살지 않아서
우리 아랫사람이 무례하게 되었네.

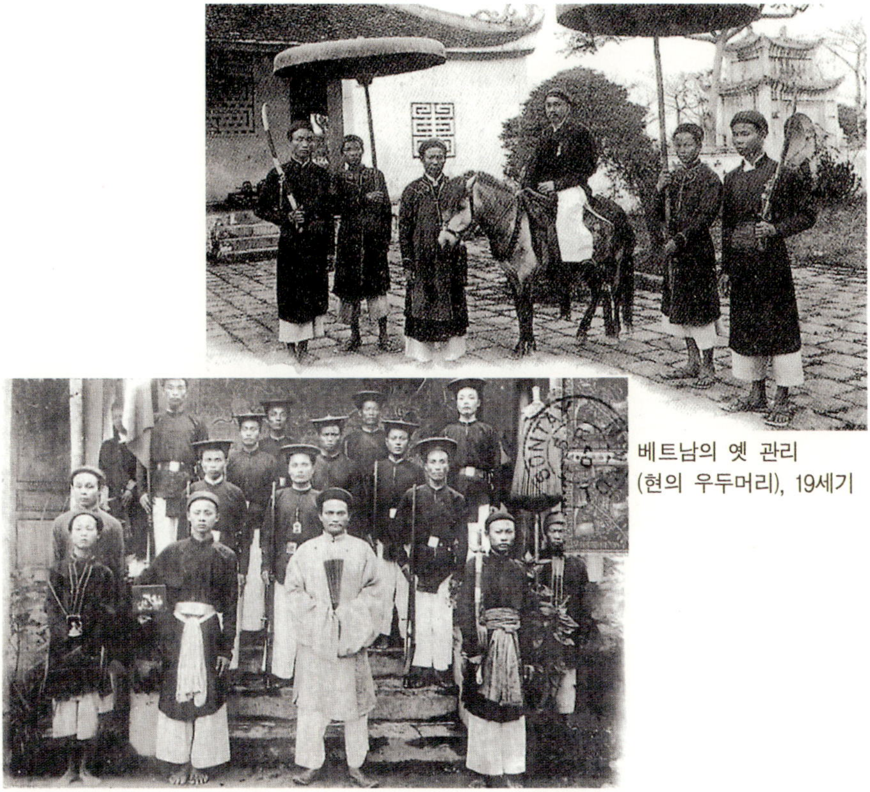

베트남의 옛 관리
(현의 우두머리), 19세기

52

풍자의 노래

Rượu cúc uống với trà lan,	국화 술을 난초 차와 마셔요
Khi xem hoa nở khi than Thuý Kiều.	꽃 피는 것을 보기도 하고, 투이끼에우를 읊기도 해요
Bồ cu mà đỗ nóc nhà,	비둘기가 지붕에 앉아 있고
Mấy người đà bà đi hỏi đàn ông.	몇 몇 부인은 남자에게 구혼하러 가네.

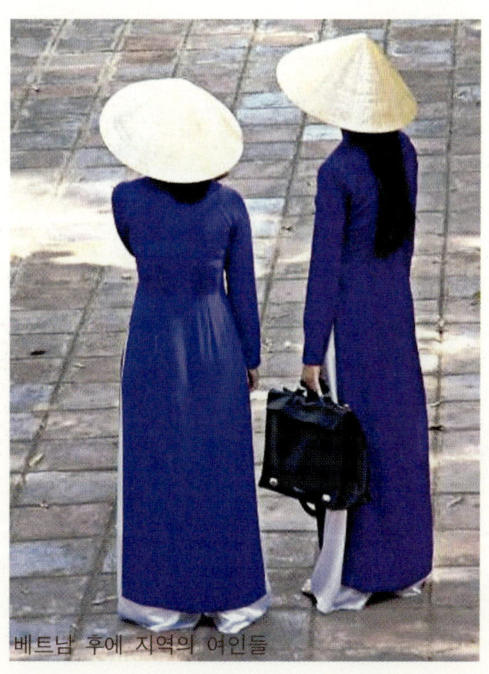
베트남 후에 지역의 여인들

예쁜 둘째 누이

Tai nghe ngự lệnh chèo đua,	명령을 듣고 경쟁적으로 노를 저어요
Bên kia có miếu có chùa chùa thiêng.	저 쪽에 묘와 절이 있는데, 영험해요
Trúc xinh trúc mọc đầu đình,	예쁜 대나무가 공회당 앞에서 자라고 있어요
Chị hai xinh chị Hai đứng một mình cũng xinh.	예쁜 둘째 누나는 혼자 서 있어도 예뻐요

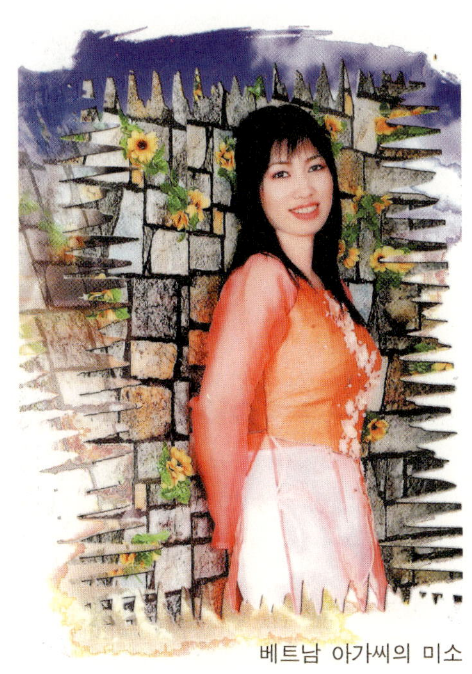

베트남 아가씨의 미소

54

예쁜 넷째 누나

Trúc xinh trúc mọc đầu chùa,　　　　예쁜 대나무가 절 앞에 자라고 있네

Chả yêu tôi lấy đạo bùa cho yêu.　　사랑하지 않으면, 내가 부적을 주어서

　　　　　　　　　　　　　　　　　사랑하도록 만들겠네

Trúc xinh trúc mọc bờ ao,　　　　　예쁜 대나무가 연못 옆에 자라고 있어

Chị Tư xinh chị Tư đứng chỗ nào vẫn xinh.　예쁜 넷째 누나는 어디서도 예쁘네

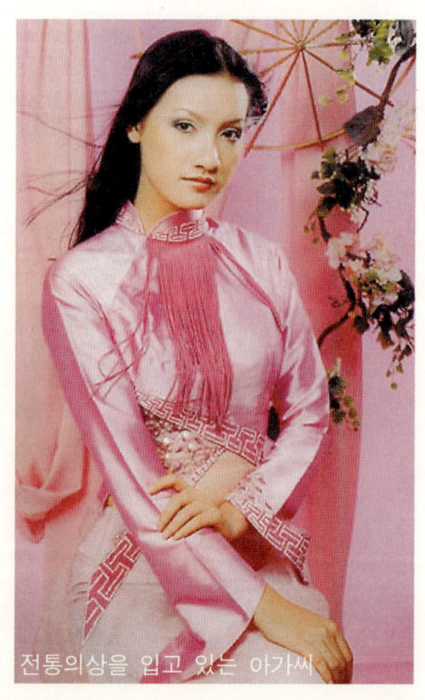

55

설날의 노래

Thịt mỡ dưa hành câu đối đỏ,
Cây nêu, tràng pháo, bánh chưng xanh.

기름 고기, 절인 파, 빨간 색 주련(柱聯)
거이네우1), 폭죽의 일제투하, 푸른 반증2)이 있네3)

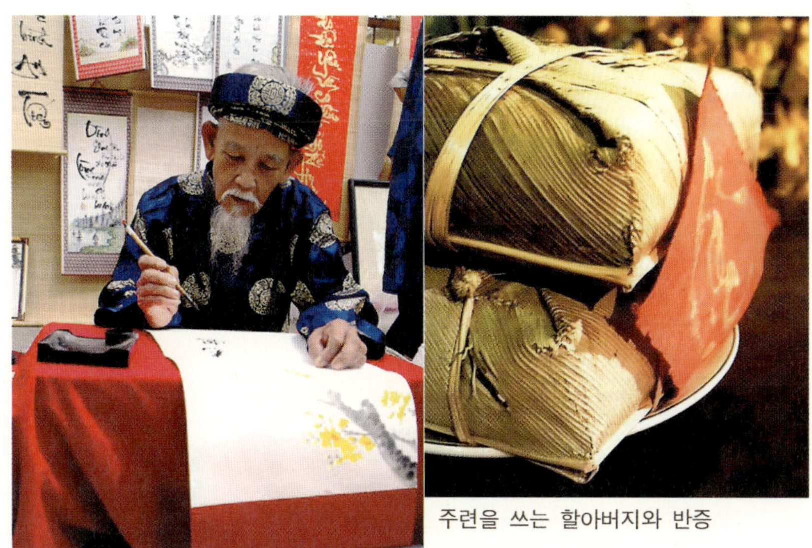

주련을 쓰는 할아버지와 반증

---

1) 거이네우(cây nêu)는 설 때 악귀의 침입을 막기 위해 집 앞에 세워두는 장대.
2) 반증(Bánh Chưng)은 설날에 먹는 떡 같은 음식. 설날 잔치 떡을 만들 때 쓰는 파란 나뭇잎에 찹쌀,
   콩, 파, 돼지고기, 양념을 싸서 삶아 먹는 떡이다.
3) 이것들이 베트남 설날에 꼭 있어야 하는 구절 민족 향미라고 한다. 설날에 이것들 중 하나만 없어도 설날의
   풍미가 부족하다고 여겼다.

56

사랑의 노래

Vì anh một thí, Vì em một thí,
Chon nên chi lỡ đi ra rồi!
Cha mẹ đánh mắng, chú bác đòi đan rọ thả trôi,
Có thả trôi thì thả thiếp cũng không nguôi nghĩa chàng.

조금은 당신 때문에, 조금은 나 때문에
그래서 실수했네[1]
부모님은 야단을 치고, 큰 아버지와
작은 아버지는 대나무 바구니를 짜서
강물에 떠내려 보내라고 하는데도
당신과의 정을 잊을 수 없어요

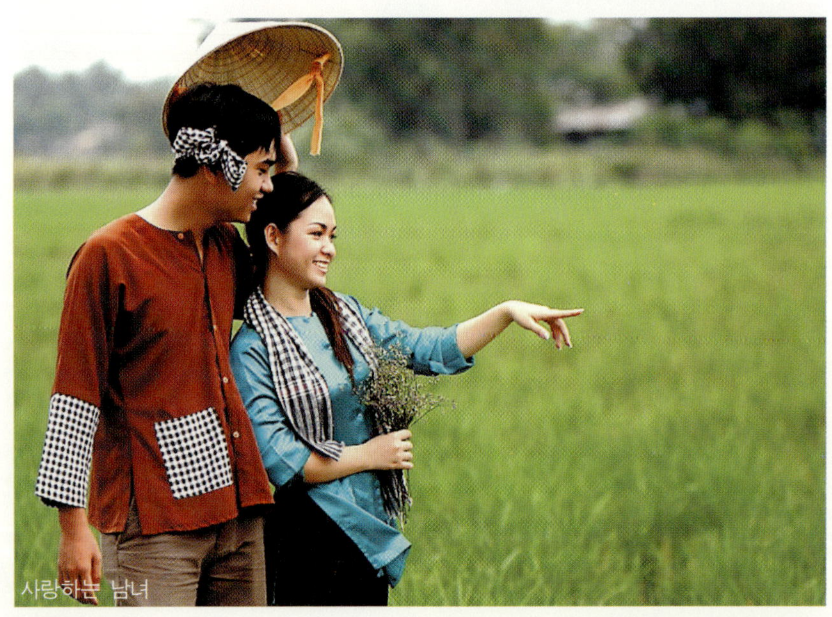

---

1) 혼전임신을 말함.

사랑의 노래

Em ơi, đôi ta đã lỡ ra rồi,
Lo cắn bông tha trái để lần hồi nuôi con.

내 사랑, 우리는 실수했네1)
(새처럼)목화 꽃을 물고 열매를 가지고 와
자식을 키워요

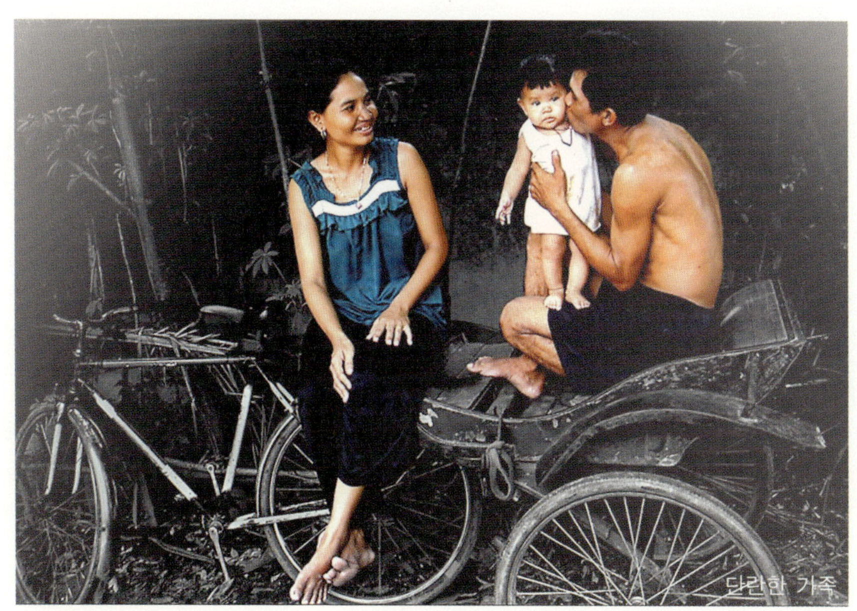

1) 혼전임신을 말함.

58

사랑의 노래

Về đây kết nghĩa giao hoà,
Phải duyên phải kiếp, áo chùa Bà ta
mặc chung.

여기에 와서 인연을 맺고,
인연이 맞으면, 바 절1)의 옷이라도 함께
입어요.

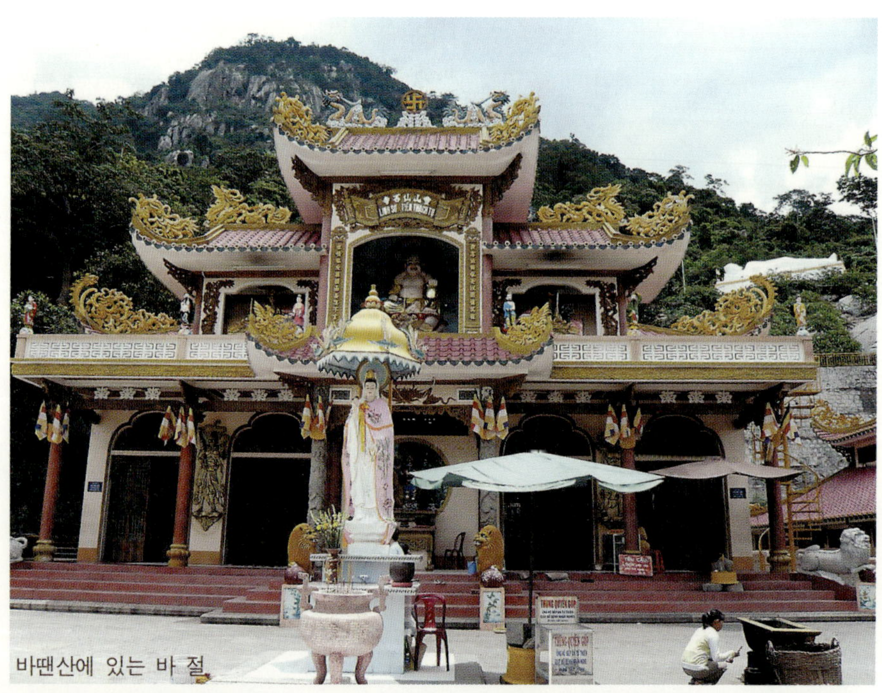
바땐산에 있는 바 절

---

1) 바 절(chùa Bà)은 여러 지방에 있다.

CÔNG VIỆC - LAO ĐỘNG - VĂN HOÁ

일 - 노동 - 문화

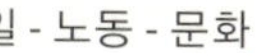

노동의 노래

anh ơi! cố chí canh nông,
여보! 열심히 농사일을 하세요

Chín phần ta cũng dự trong tám phần.
아홉 중 여덟을 받을 수 있어요

Hay gì để ruộng mà ngăn,
논을 비워 놓으면 좋지 않아요

Làm ruộng lấy lúa, chăn tằm lấy tơ.
논을 경작하면 쌀을 얻고, 누에를 치면 명주실을 얻어요

Tằm có lứa, ruộng có mùa,
누에는 차례가 있고, 논에는 계절이 있어요

Chăm làm, trời cũng đền bù có khi...
열심히 하면 하느님이 보상해 줄지도 몰라요

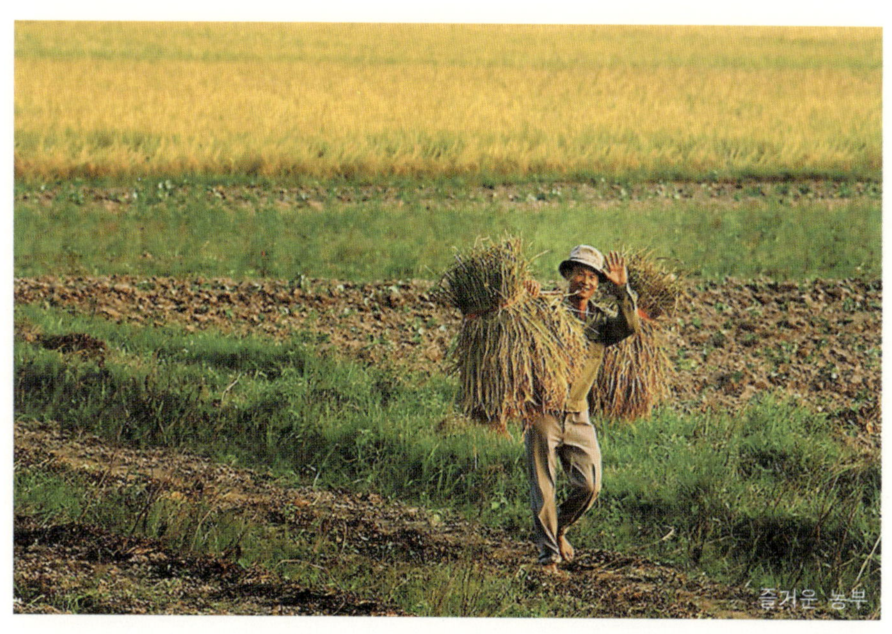

노동의 보람

Anh ra đi, em lập kiểng trồng hoa,

Anh về hoa đã được ba trăm cành.
Một nhành là chín búp xanh,
Bán ba đồng một, để dành có nơi.
Bây giờ đến lúc thảnh thơi,
Cậy anh tính thử vốn lời bao nhiêu.

당신이 떠날 때 내가 그루터기를 만들어 꽃을
심었어요
당신이 돌아왔을 때 꽃은 삼백 가지로 늘었어요
한 가지엔 아홉 개의 푸른 나뭇잎이 있어요
하나를 팔면 삼동을 아끼게 되니
이제는 평안하고 한가한 시간이에요
당신이 재산과 이익이 얼마인지 계산해주세요

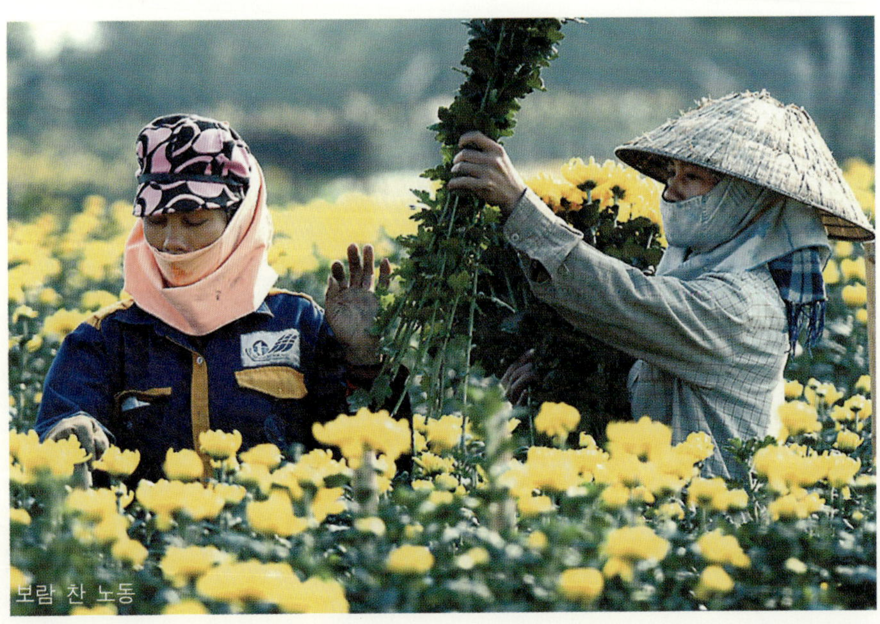
보람 찬 노동

3

자급자족의 노래

Ao to ta thả cá chơi,

Hồ rộng nuôi vịt, vườn khơi nuôi gà.

Quanh năm khách khứa trong nhà,

Ao vườn sẵn có lọ là tìm đâu.

큰 연못에 물고기를 키워요

큰 호수에 오리를 기르고 큰 밭에서 닭을 길러요

일년 내내 손님이 와도

연못과 밭이 있으니까 음식을 아무데도 찾을 필요

없어요.

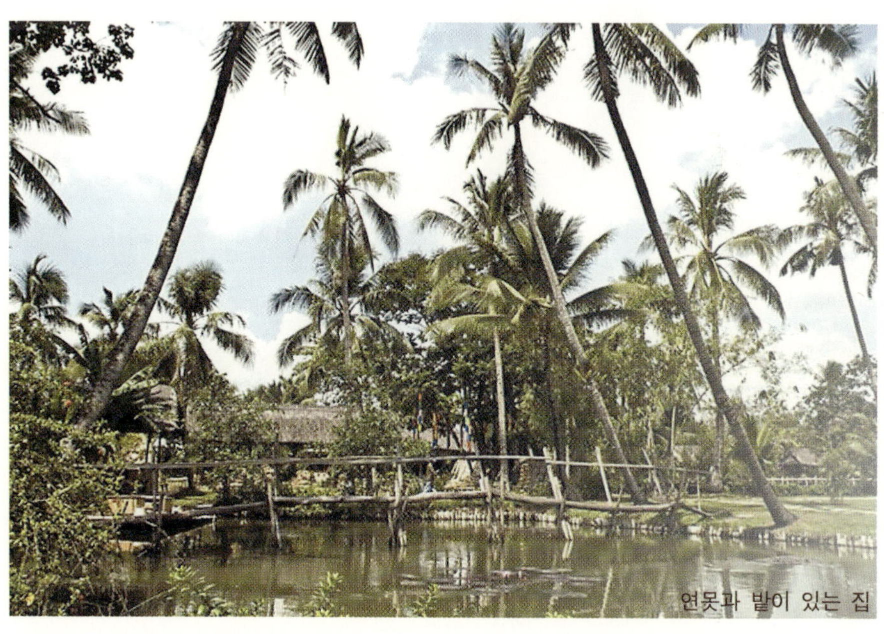

연못과 밭이 있는 집

부부 사랑의 노래

Anh về Đập Đá, Gò Găng,
Để em dệt vải sáng trăng một mình.
Em về dệt vải trên khung,
Để anh đọc sách cùng chung một đèn.

누군가 '떱따'와 '고장'[1]에 돌아가요
내가 달빛에 혼자 천을 짜기 위해서요
내가 돌아와서 직기(織機)에 천을 짜요
당신이 책을 읽는 등잔불 빛을 같이 해요.

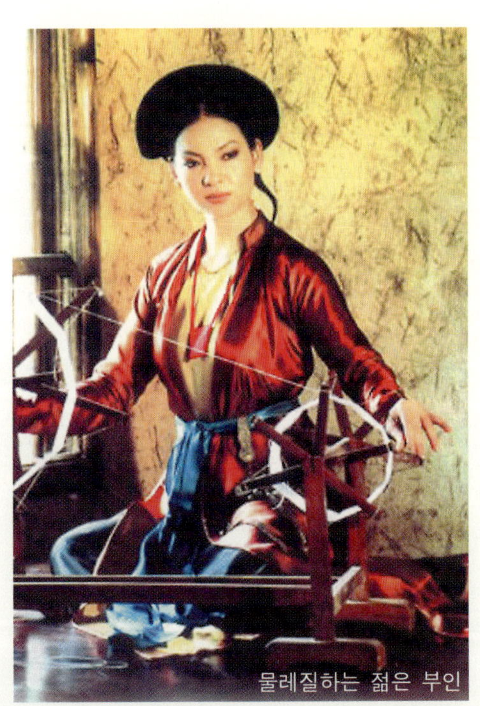

물레질하는 젊은 부인

____

1) 떱따(Đập Đá)와 고장(Gò Găng)은 지명.

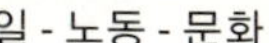

목수의 노래

Anh làm thợ mộc Thanh Hoa,	나는 훌륭한 목수가 되었네.
Làm cầu làm quán làm nhà khéo thay.	다리, 가게, 집을 잘 만들었네
Lựa cột anh dựng đòn tay,	한 손으로 기둥을 선택해요
Bào trơn đóng bén nó ngay một bề.	매끄럽게 대패질하고, 정확하게 잘 조립되었어요
Bốn cửa anh chạm bốn dê,	네 개 문에 네 마리의 염소를 조각해요
Bốn con dê đực chầu về tổ tông.	네 마리 숫염소는 조상을 모시고 있어요
Bốn cửa anh chạm bốn rồng,	네 개 문에 용 네 마리를 조각해요
Trên thì rồng ấp, dưới là rồng leo.	위에는 내려 날아가는 용이고, 밑에는 올라 날아가는 용이에요
Bốn cửa anh chạm bốn meo,	네 개 문에 고양이 네 마리를 조각해요
Con thì bắt chuột, con leo xà nhà.	어떤 고양이는 쥐를 잡고 어떤 고양이는 가로막대1)에 올라가요
Bốn cửa anh chạm bốn gà,	네 개 문에 닭 네 마리를 조각해요
Đêm thì nó gáy, ngày ra vườn ăn.	밤에는 울고 낮에는 밭으로 먹이를 찾아 헤매지요
Bốn cửa anh chạm bốn lươn,	네 개 문에 내가 뱀장어 네 마리를 조각해요
Con thì thắt khúc, con thì trườn ra.	어떤 뱀장어는 휘어 감고 어떤 뱀장어는 밖으로 기어가요
Bốn cửa anh chạm bốn hoa,	네 개 문에 꽃 네 송이를 조각해요
Trên là hoa sói, dưới là hoa sen.	위는 소이 꽃2)이며 아래는 연꽃이에요
Bốn cửa anh chạm bốn đèn,	네 개 문에 등잔 네 개를 조각해요
Một đèn dệt cửi, một đèn quay tơ.	하나는 베를 짤 때 쓰고 하나는 실을 뽑을 때 써요
Một đèn đọc sách ngâm thơ,	하나는 책을 읽고 시를 읊을 때 써요
Một đèn anh để đợi chờ nàng đây.	하나는 당신을 기다리기 위해 놓아요

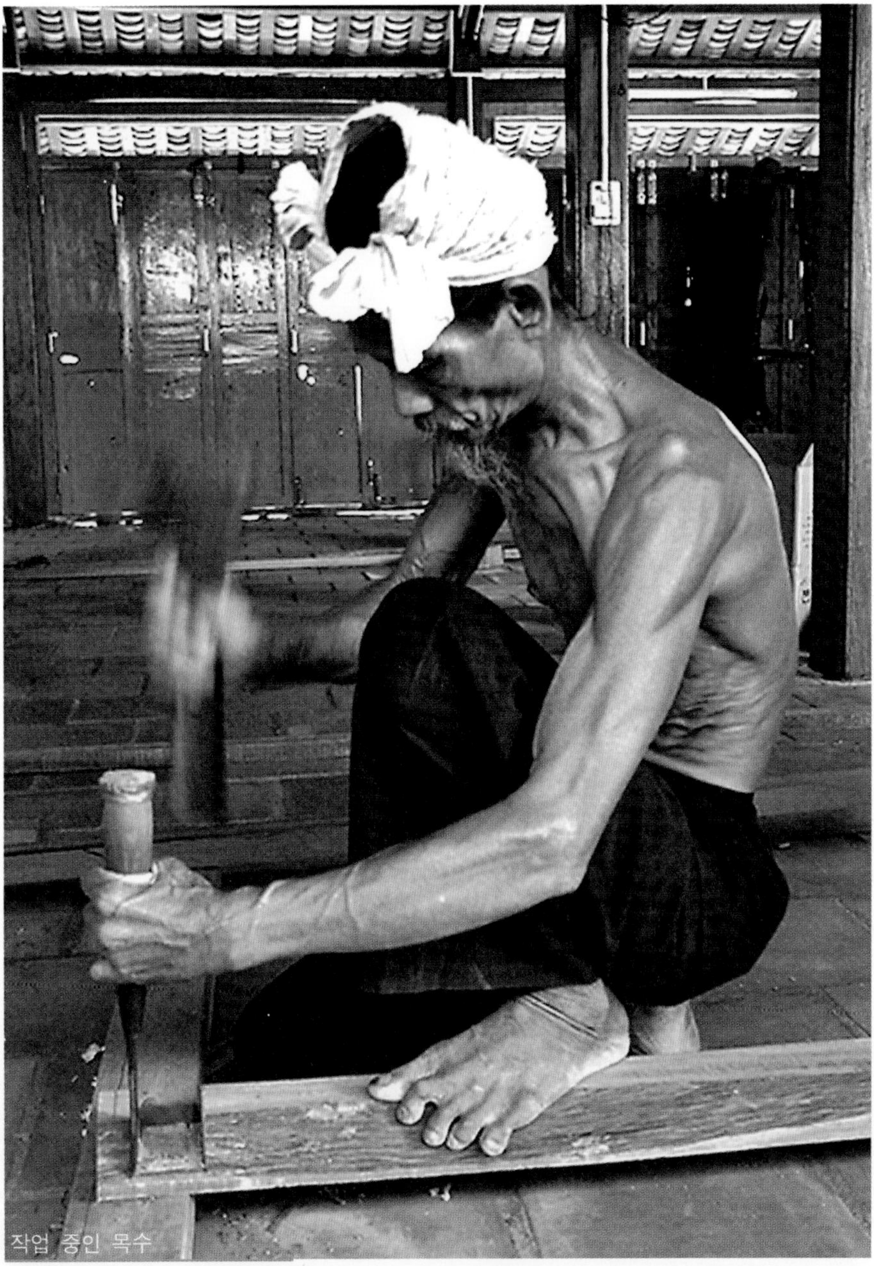

1) 베트남의 가옥에서 두 기둥의 끝을 연결하여 지붕을 떠받치는 나무.
2) 베트남에 자라는 꽃의 한 종류.

6

희롱의 노래

Ai về xóm Mí mà coi,	누군가 미 마을에 가서 보세요
Bắc niêu lên bếp xách roi ra đồng.	냄비를 부엌에 놓고 장대를 들고 논으로 가요
Đất nghèo chạy bữa ăn đong,	가난한 땅이라서 밥 한 끼씩 사 먹는 것도 걱정되지만
Mà câu hát ghẹo thì không mô bằng.	희롱의 노래는 세상에서 제일 재밌어요

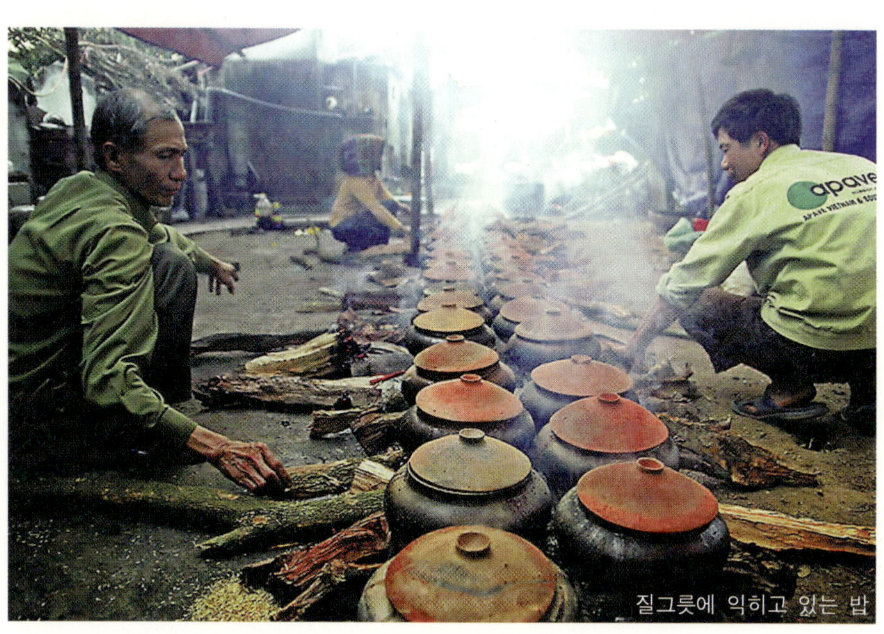

질그릇에 익히고 있는 밥

사랑의 노래

Anh đi anh nhớ quê nhà,
Nhớ canh rau muống nhớ cà dầm tương.

Nhớ ai dãi nắng dầm sương,
Nhớ ai tát nước bên đường hôm mai.

길 떠나면 고향이 그리워져요
무엉 야채1)국이 그립고 가지를 된장에다
숙성시킨 까 나물2)이 그리워요
밤낮으로 열심히 일을 하는 누군가가 그리워요
어제 길 옆에서 물을 퍼내던 누군가가 그리워요.

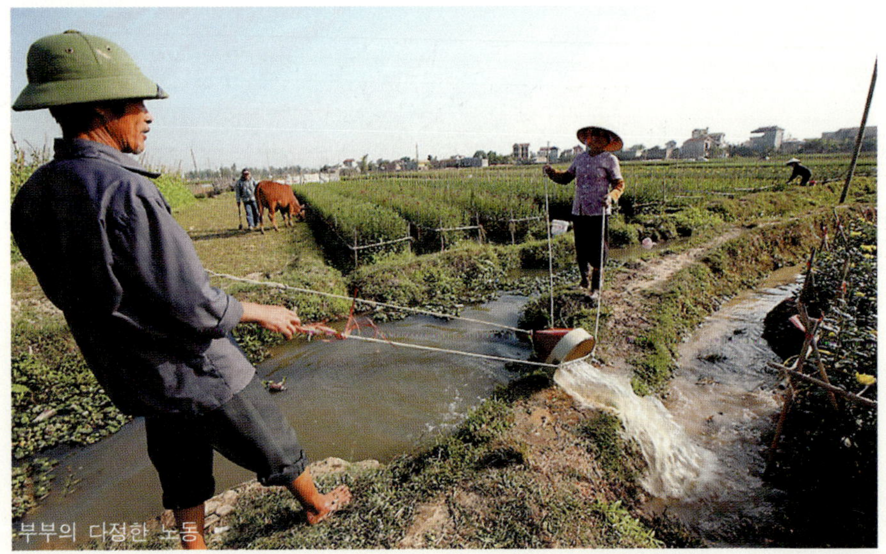
부부의 다정한 노동

---

1) 야채의 한 종류.
2) 까나물(Cà)은 베트남의 농촌에서 가난한 사람들이 흔히 먹는 반찬.

8

사랑의 노래

Ai về nhắn với ông câu,
Cá ăn thì giật,
để lâu mất mồi.

누가 가서 낚시하는 할아버지에게 전해요
물고기가 낚이면 잡아 놓으시라고
오랫동안 잡지 않아서 미끼가 사라져 버려요

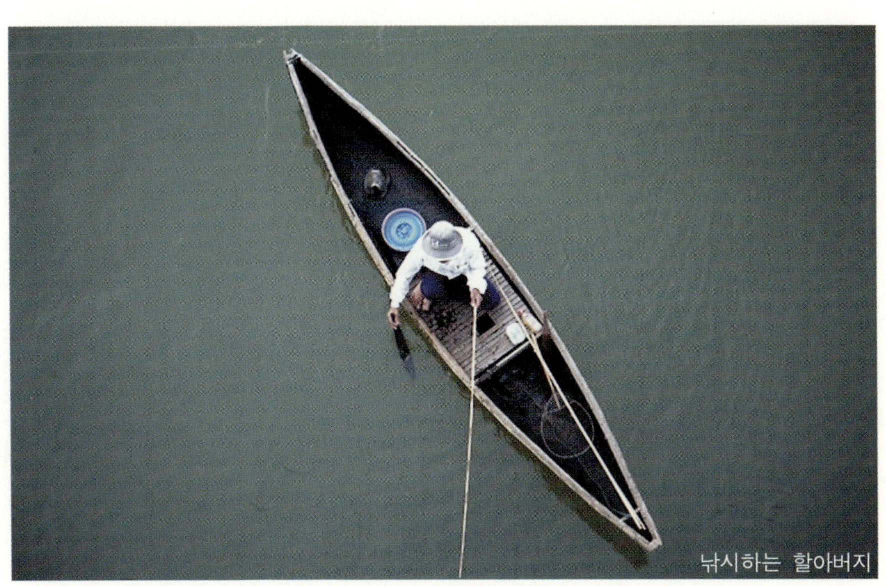

낚시하는 할아버지

9

자기과시의 노래

Anh đây lên thác xuống ghềnh,

Thuyền nan đã trải thuyền mành thử chơi.
Đi cho khắp bốn phương trời,
Cho trần biết mặt cho đời biết tên.

내가 폭포에 오르기도 하고, 내려 가
보기도 했어요
뗏목도 타봤어요1)
사방에 가 봤어요
사람들에게 내 얼굴과 이름을 알려 주기
위해서예요

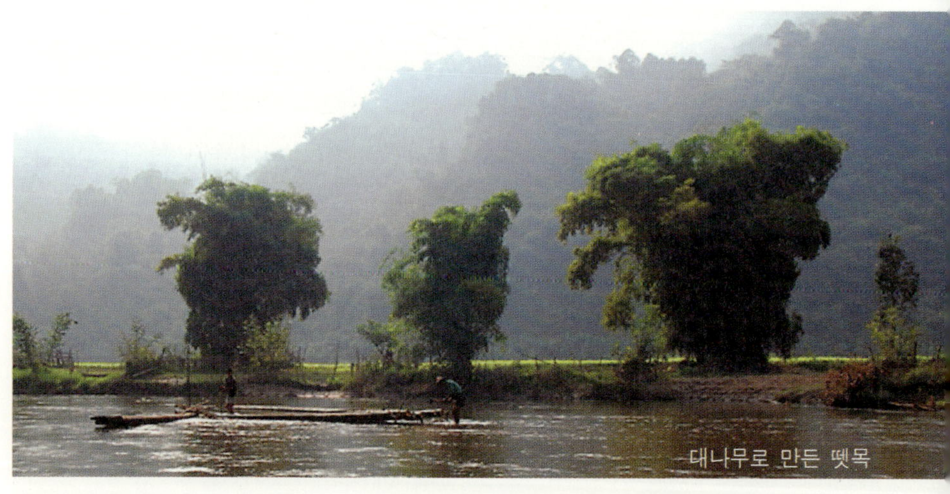

대나무로 만든 뗏목

---

1) 여러 여자들을 만나 보았다는 속뜻이 있음. '타다'는 성적(性的)인 의미로 쓰였음. 뗏목은 침대처럼 생겼고,
그런 용도로 쓰이기도 했음. 많은 어려운 일을 다 겪어 보았다는, 또 다른 뜻이 있음. 즉 자기가 세상에
경험이 많은 사람이라는 뜻.

10

농부의 노래

Bởi anh chăm việc canh nông,　　　열심히 농사일을 하기 때문에

Cho nên mới có bồ trong bịch ngoài.　　집 안에도 밖에도 쌀 바구니가 있어요

Ngày mùa tưới đậu trồng khoai,　　바쁠 때 콩에 물을 주고 고구마를 심어요

Ngày ba tháng tám mới ngồi mà ăn.　　삼일 팔월1)에 앉아서 먹어요.

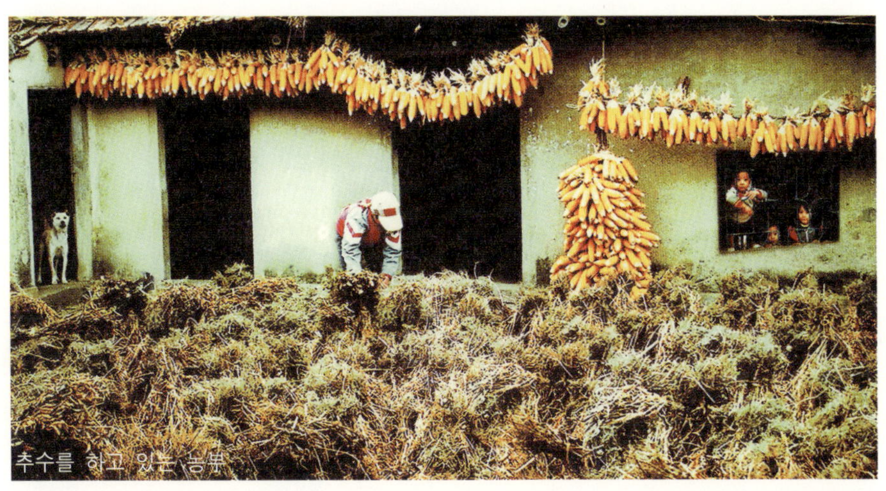

---

1) 베트남에서 바쁜 시기는 농사철인 5월(모작)과 10월(모작)이다. 그 나머지는 쉬는 기간이며, '삼일팔월'은
쉬는 시간이란 뜻의 말이다.

11

농부 생활의 노래

Bao giờ cho đến tháng hai,
Con gái làm cỏ, con trai be bờ.
Gái thì kể phú ngâm thơ,
Trai thì be bờ kể chuyện bài vây.

언제 이월이 됐는가
여자는 김매고 남자는 둑을 쌓아요
여자가 부1)를 이야기하고 시를 읊어요
남자가 둑을 쌓고 바둑 두는 이야기를 이야기해요

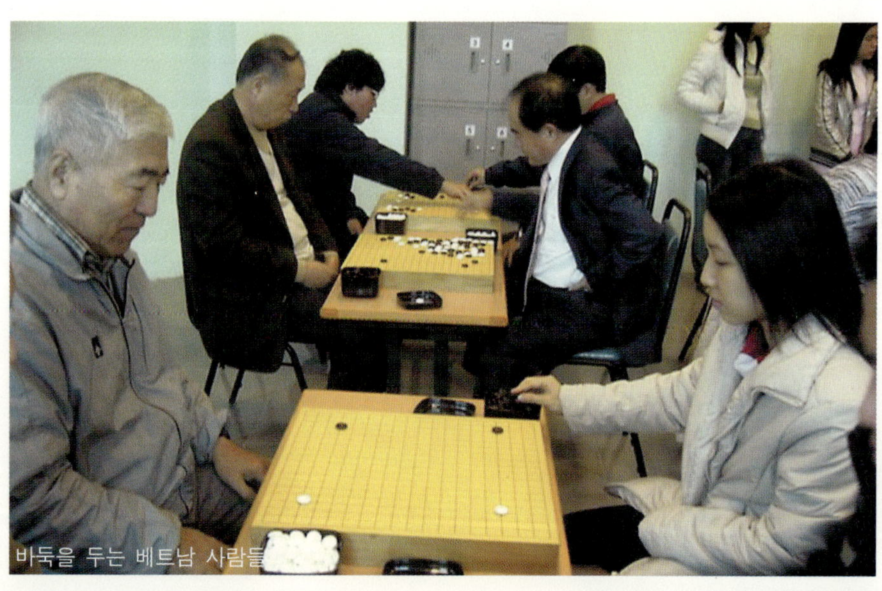

---

1) 시의 한 종류.

계절 축제의 노래

Bao giờ cho đến giêng,hai,
Cho làng vào đám cho ai xem chèo.

언제 일월이월이 되었는가
마을이 축제를 열기 위해서이고, 누군가가
재오1)를 보기 위해서예요

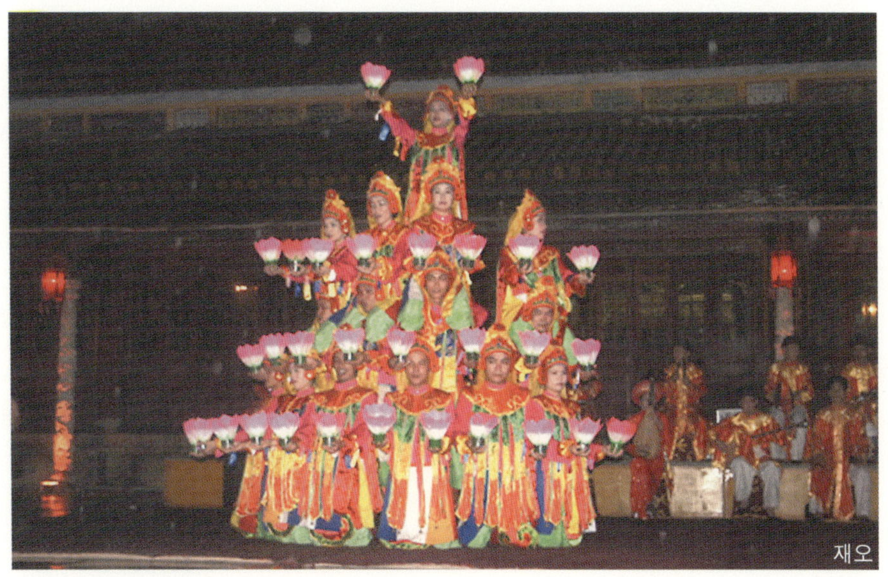

---

1) 재오(Chèo)는 베트남 전통 극의 한 종류.

13

상인의 노래

Bán hàng thì bán sớm mai,
Chợ trưa người vãn còn nài làm chi.

물건은 아침 일찍 팔아야 되지
늦은 점심시간 사람이 없는데 계속 부른들
무슨 소용이 있어요?

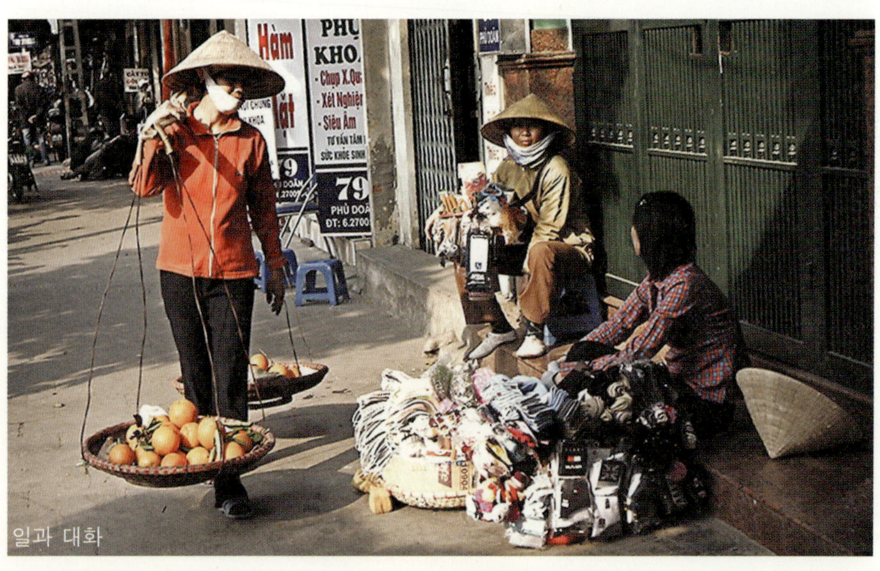

일과 대화

14

농부의 노래

Công danh đeo đuổi mà chi,
Sao bằng chăm chỉ giữ nghề canh nông.
Sớm khuya có vợ có chồng,
Cày sâu bừa kĩa mới mong được mùa.

공명을 추구하는 것은
열심히 농사일하는 것에 비교할 수 없어요
아침 일찍이나 늦은 밤에도 부부가 함께 하고
깊이 갈고 여러 번 고르게 해야 풍작을 기대할 수
있어요

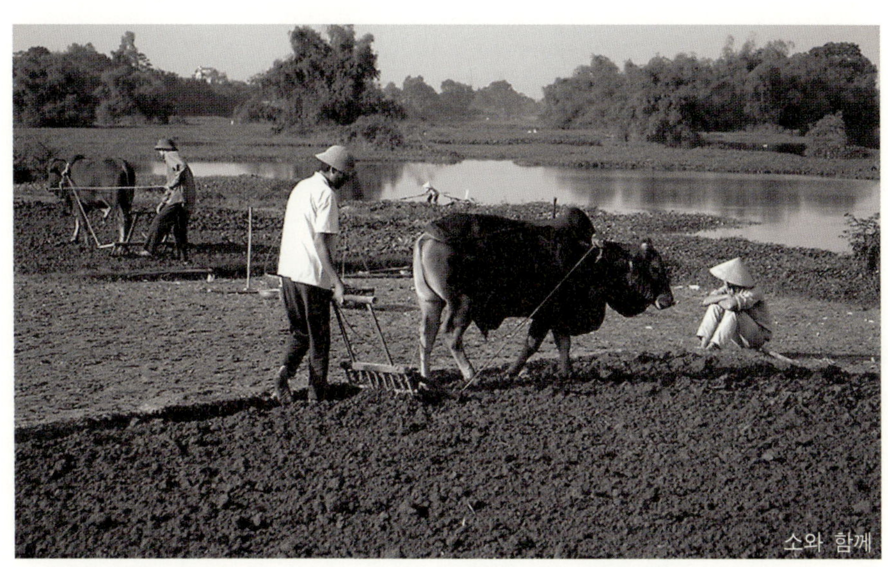

15

가뭄의 어려움

Cực lòng thiếp lắm chàng ơi,
Kiếm nơi khuất tịch thiếp ngồi thiếp than.

Than vì cây lúa lá vàng,
Nước đâu mà tưới nó hoàn như xưa.
Trông trời chẳng thấy trời mưa,
Lan khô, Huệ héo thảm chưa hỡi trời!

"여보, 내가 힘들어요."
사람이 없는 곳을 찾아서 탄식하네
벼 잎이 가물어 노래진 것을 탄식해요
어디에서 물을 끌어와야 벼가 옛날처럼
무성하게 자랄 수 있을까요?
하늘에 빌어도 비가 안 오네요
란초 꽃이 마르고 백합꽃도 마르니, 에구
참혹한 일이네요!

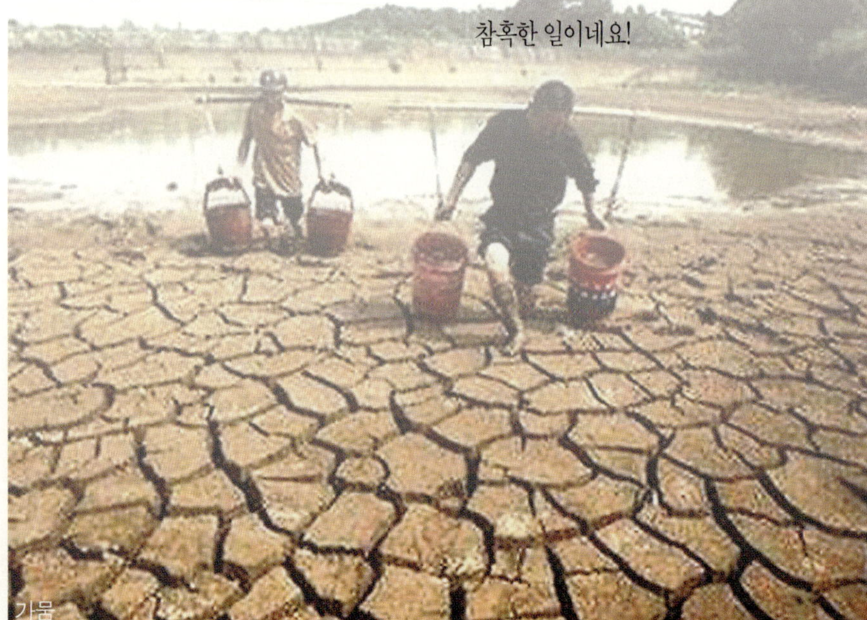
가뭄

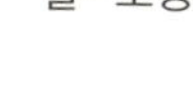

농부의 노래

Cơm ăn một bát sao no, Ruộng cày một vụ sao cho đành lòng. Sâu cấy lúa, cạn gieo bông, Chẳng ươm được đỗ thì trồng ngô khoai.	밥을 한 그릇만 먹으니 어떻게 배가 부르겠어요? 논을 한 모작만 하면 어떻게 해요? 깊은 곳엔 벼를 심고 얕은 곳엔 목화씨를 뿌려요 콩은 심을 수 없어도 고구마나 옥수수를 심을 수 있어요

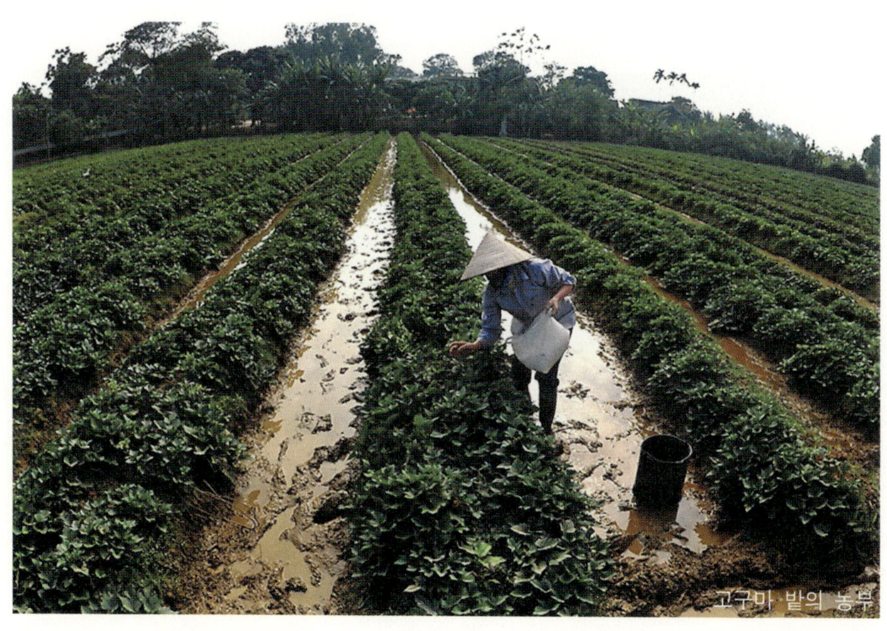

17

개의 노래

Chó khôn tứ túc huyền đề,
Tai thì hơi cúp, đuôi thì hơi cong.
Giống nào mõm nhọn đít vông.
Ăn càn, căn bậy, ấy không ra gì.

똑똑한 개의 네 다리에 며느리 발톱이 있어요
귀가 좀 늘어지고 꼬리가 좀 굽었어요
어느 개의 주둥이 날카롭고 엉덩이가 네모졌으면
더러운 것만 먹고 아무나 무니, 형편없는 개라구요.

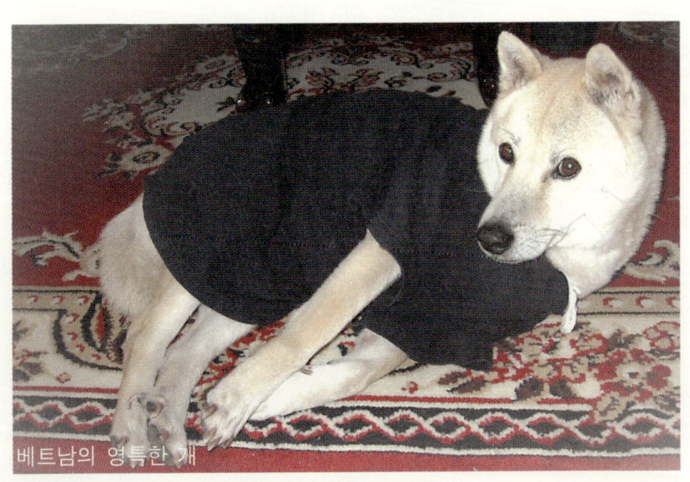

베트남의 영특한 개

18

꽌호 노래에 대한 그리움

Còn trời còn nước còn non

Còn câu Quan Họ em còn say sưa,

Những lời ao ước khác thơ

Cảnh thì còn đó, người giờ nơi đâu?

Bâng khuâng nhớ cảnh, nhớ người,

Nhớ nơi Quan Họ, nhớ lời ca hay.

하늘이 있고 물이 있고 산도 있어요

꽌호 노래[1]가 남아 있으면, 나는 그것에
매혹되지요

시처럼 기원하는 말이오

경치는 그대로지만 사람은 지금 어디에 있는가요

마음이 슬퍼지고 경치와 사람이 그리워지네요

꽌호 노래를 부르던 곳이 그립고, 재미있는 노래가
그립네요

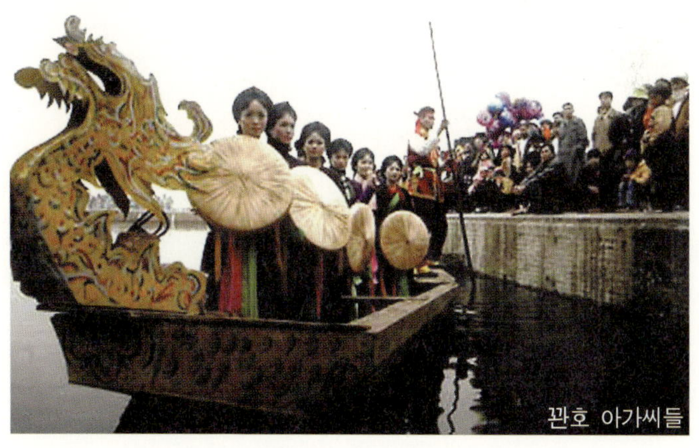

꽌호 아가씨들

1）꽌호노래(hát quan họ)는 박닌(Bắc Ninh)성의 전통 노래.

19

설날을 기다리며

Cú kêu ba tiếng cú kêu,
Trông mau đến tết dựng nêu ăn chè.

부엉이가 울고, 세 번이나 더 울어요
설날이 돌아와서 네우1)를 세우고 재2)
먹기를 기대해요

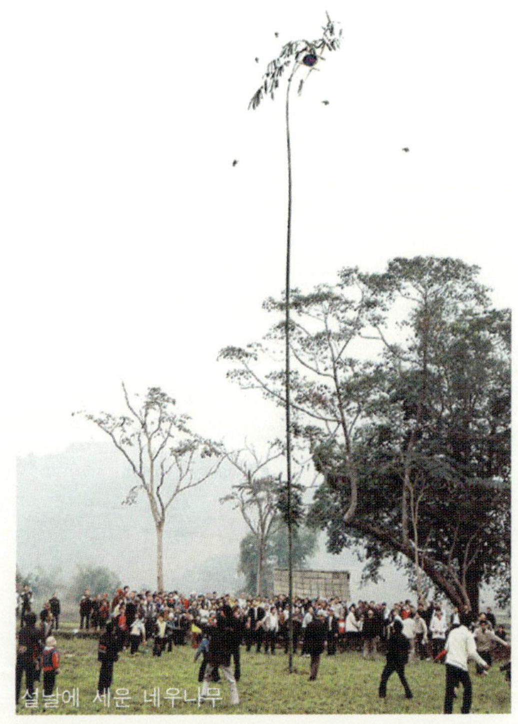

---

1) 네우(cây nêu)는 설 때 악귀의 침입을 막기 위해 집 앞에 세워두는 장대.
2) 재(chè lam)는 설날에 먹는 음식이다.

20

노 젓는 노래

Cơm chiên ăn với cá ve,
Anh về nốc biển mà nghe câu hò.

볶음밥은 배 물고기[1]와 함께 먹어요
당신이 녹비엔[2]에 가서 노래를 들으세요.

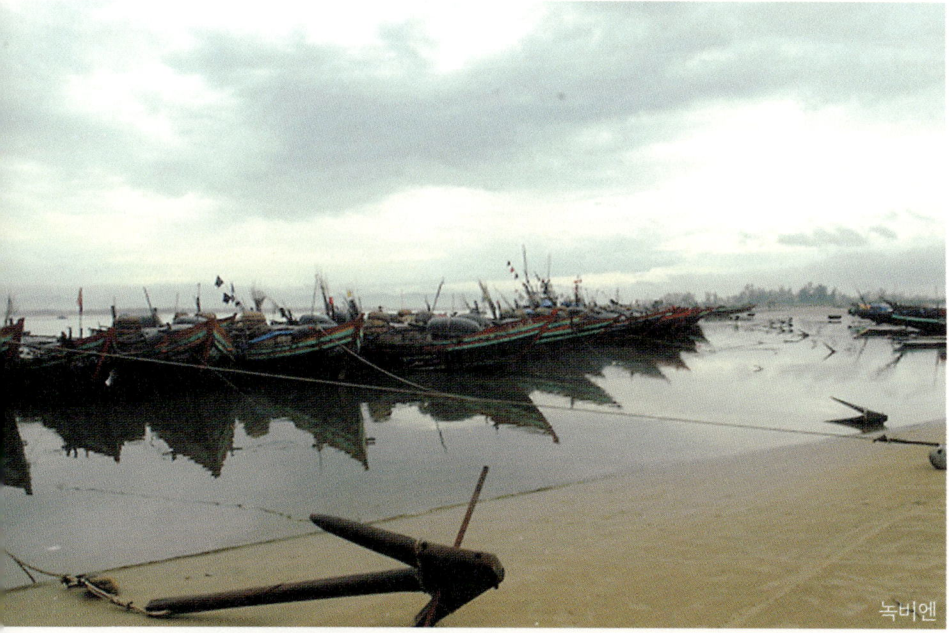

---

1) 배 물고기(cá ve)는 물고기의 한 종류.
2) 녹비엔(nốc biển)은 지역이름.

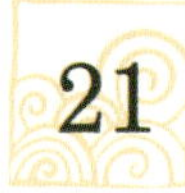

21

아내의 노래

<table>
<tr>
<td>

Chồng em đánh giặc phương xa,

Rộng nhà em cấy, mẹ già em trông.

Bầy con đứa dắt, đứa bồng,

Mà em vẫn học vỡ lòng như ai!

</td>
<td>

내 남편이 먼 전장(戰場)에서 침략군과 싸워요

나는 농사일을 하며 늙은 어머니를 돌봐요

한 자녀는 손에 잡고 한 자녀는 안고 해도

다른 사람처럼 나는 아직 기초반 글자공부를 해요

</td>
</tr>
</table>

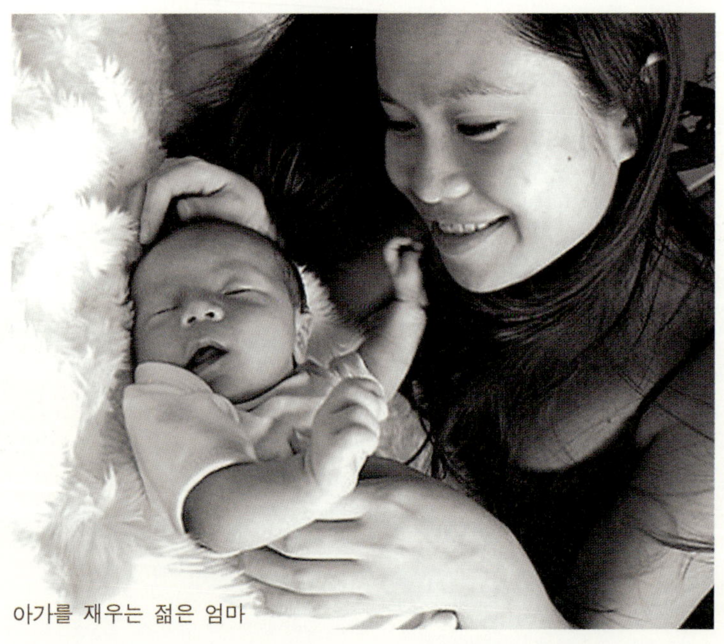

아가를 재우는 젊은 엄마

노동의 노래

<table>
<tr>
<td>

Cày đồng đang buổi ban trưa,

Mồ hôi thánh thót như mưa ruộng cày.

Ai ơi bưng bát cơm đầy,

Dẻo thơm một hạt đắng cay muôn phần.

</td>
<td>

한 낮에 논밭을 가는데

갈아야 할 논에 비 오듯 땀이 흐르네

누군가! 가득 찬 밥 그릇을 들고 오네.

끈적이면서 향기로운 밥 한 알엔 쓰고

매운 수많은 고생이 서려 있네.

</td>
</tr>
</table>

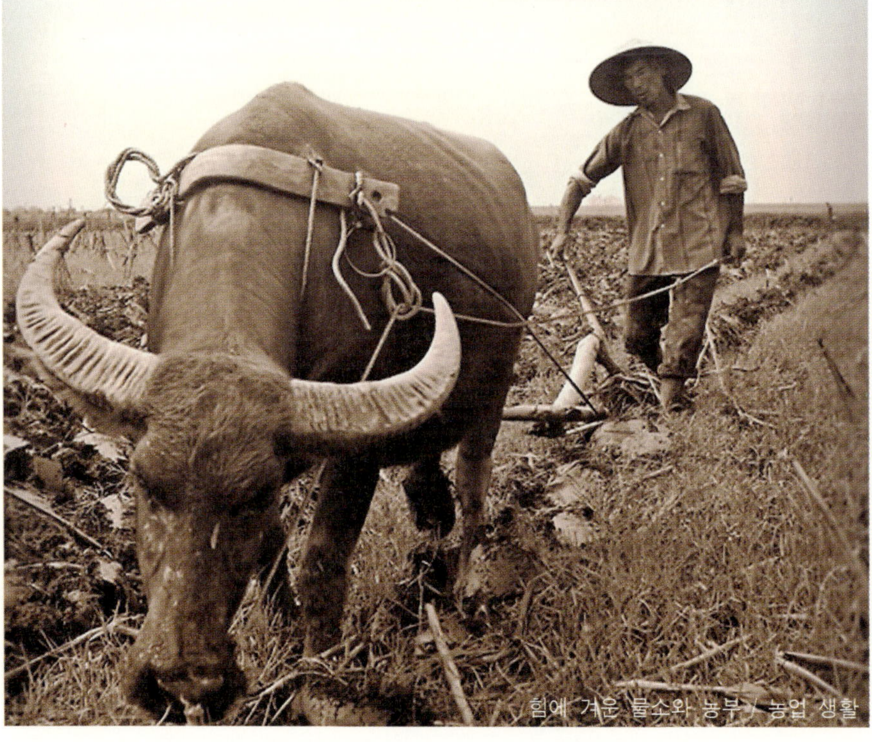

힘에 겨운 물소와 농부 / 농업 생활

23

교훈의 노래

Con tằm nó ăn lá dâu,
Có khi ăn mất cả trâu lẫn bò.

누에가 뽕잎을 먹어 치우듯이
소와 물소까지 다 날릴지도 모르겠네.

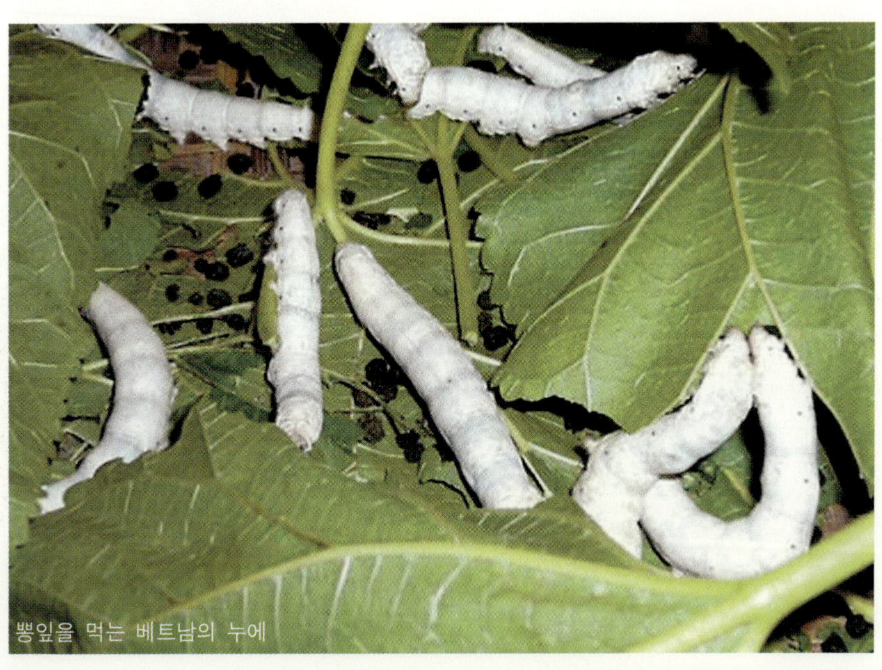
뽕잎을 먹는 베트남의 누에

24

가족 협동의 노래

Cha chài, mẹ lưới, con câu,

Con trai tát nước, nàng dâu đi mò.

아버지는 투망을 던지시고, 어머니는 그물을 치시고, 자녀는 낚시를 하네 아들은 물을 퍼내고 며느리는 물에서 물고기를 찾아요.

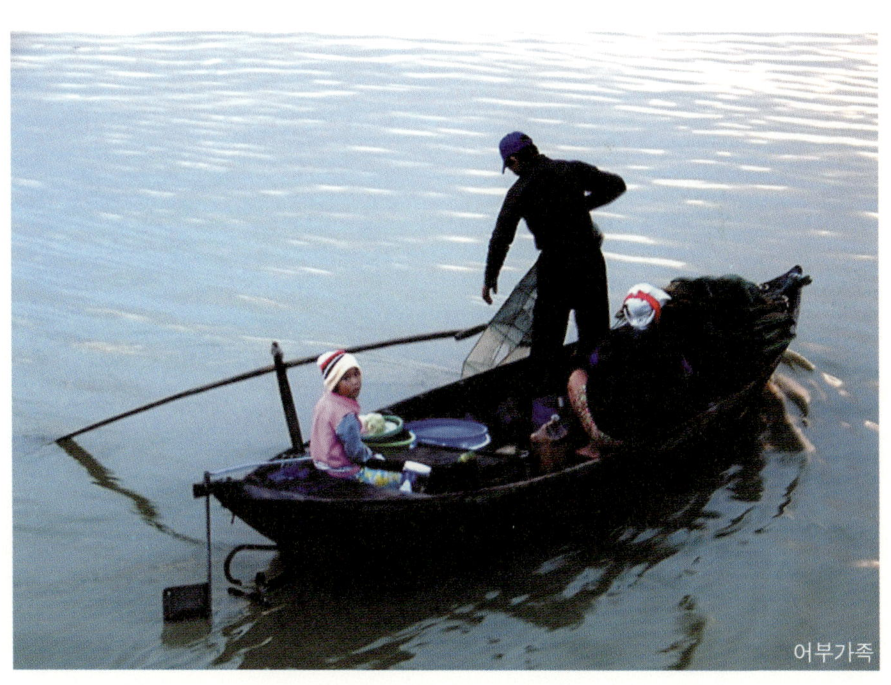

어부가족

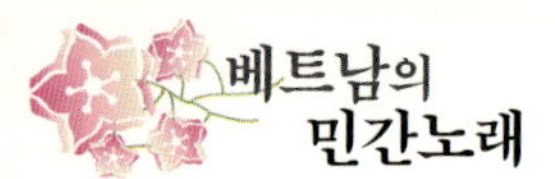

25

어부 경험의 노래

Con ơi nhớ lấy lời cha,
Mồng năm tháng chín thật là bão rơi.
Bao giờ cho đến tháng mười,
Thì con vào lộng ra khơi mặc lòng.

애들아 아버지의 말을 잘 기억해라
구월 오일에 정말 태풍이 있어
언제나 시월이 되면
그 때는 바다로 나가거나 안에
들어오거나 괜찮단다

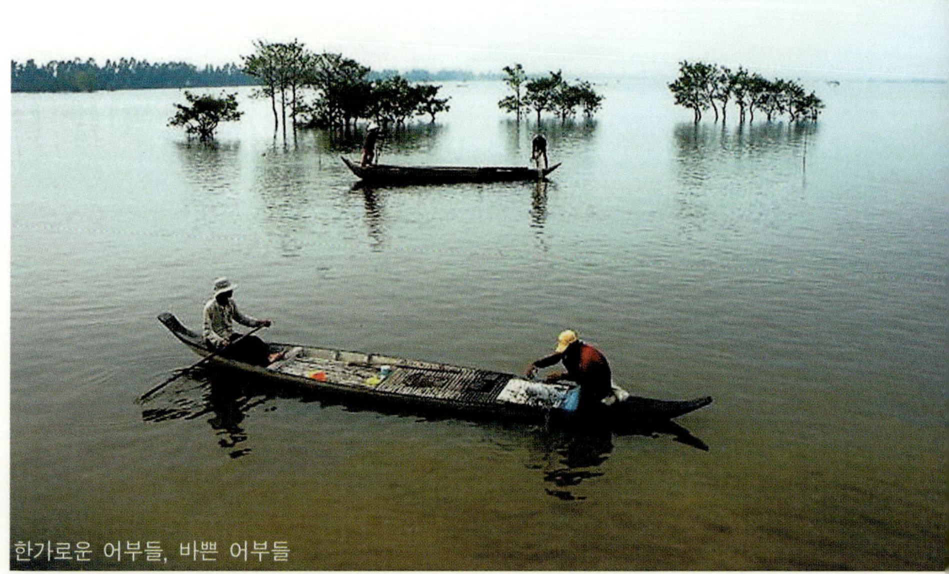
한가로운 어부들, 바쁜 어부들

26

충고의 노래

Câu cá cá chẳng ăn mồi,
물고기를 낚는데 물고기가 미끼를 물지 않네요

Đừng câu mà mệt, đừng ngồi mà trưa.
낚시하지 마세요, 피곤해요. 앉지 마세요, 벌써 한 낮이에요

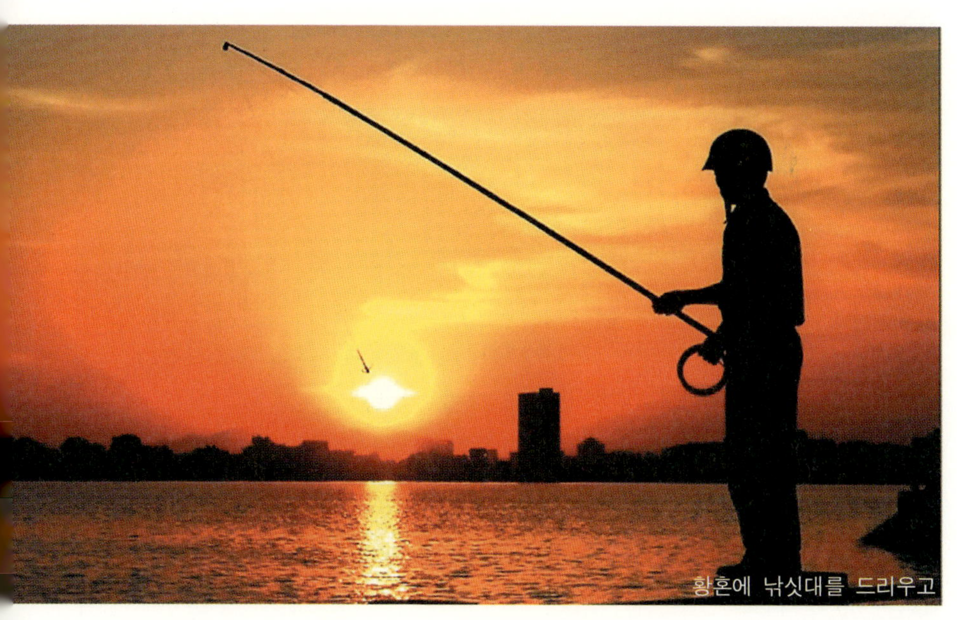

27

어부 경험의 노래

Cần câu bạc, cột chặt dây tơ.
Sáng trăng câu nhởi, trăng mờ
không câu.
Sông sâu mà biển cũng sâu,
Muốn ăn cá lớn dong câu cho dài.

은 낚싯대에 실크 낚시 줄을 꽉 묶어요
달이 뚜렷하면 낚시하고, 달이 뚜렷하지
않으면 낚시 하지 마세요
강도 깊고 바다도 깊어요
큰 물고기를 먹고 싶으면 줄을 길게 하세요

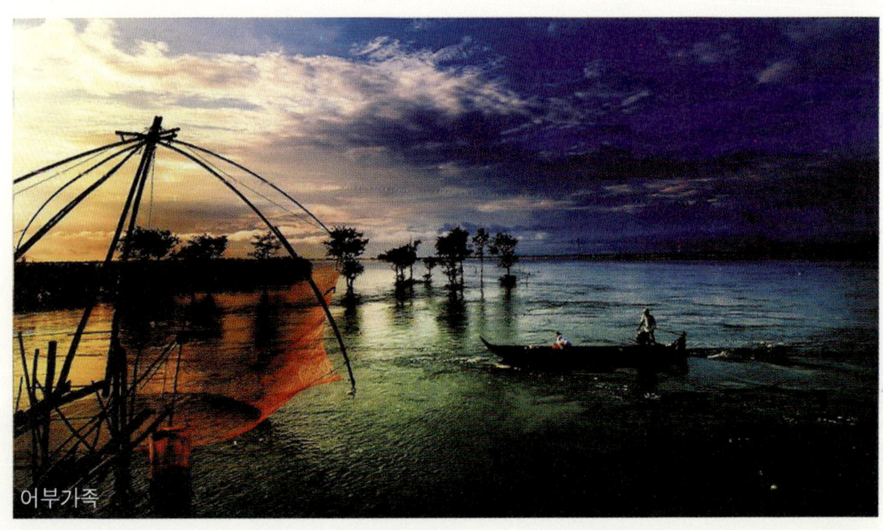

28

사업 망한 노래

Chưa buôn thì vốn còn dài,
Buôn thì vốn đã theo ai mất rồi.

장사하기 전에는 자본도 많았지만
장사하고 나니 돈이 다 사라졌네

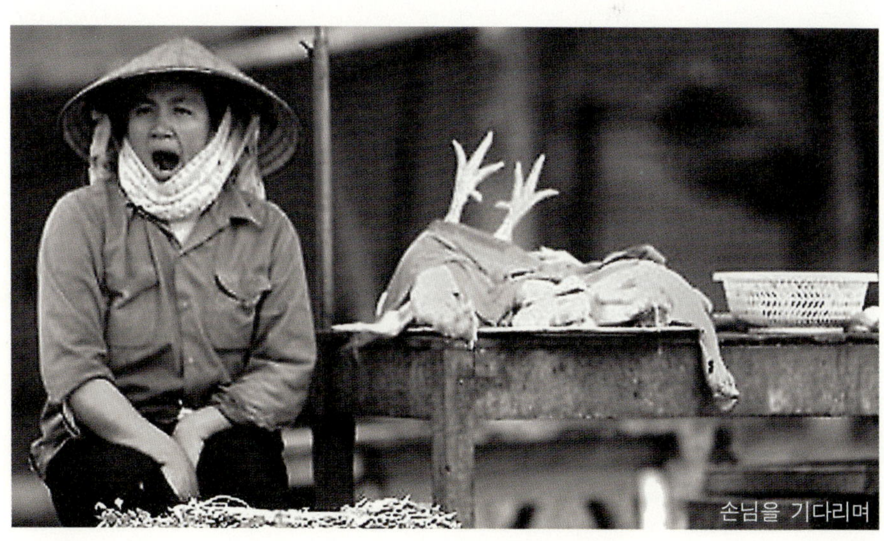

29

부자 부모, 가난뱅이 부모

Cha mẹ giàu con thong thả,
Cha mẹ nghèo con vất vả gian nan.
Sớm mai lên núi đốt than,
Chiều về xuống biển đào hang bắt
còng.

부모님이 부유하면 여유롭고
부모님이 가난하면 자녀도 힘들어요
아침엔 산에 가서 나무를 태워 숯을 만들어요
오후엔 바다에 가서 갯벌을 파고 게를 잡아요

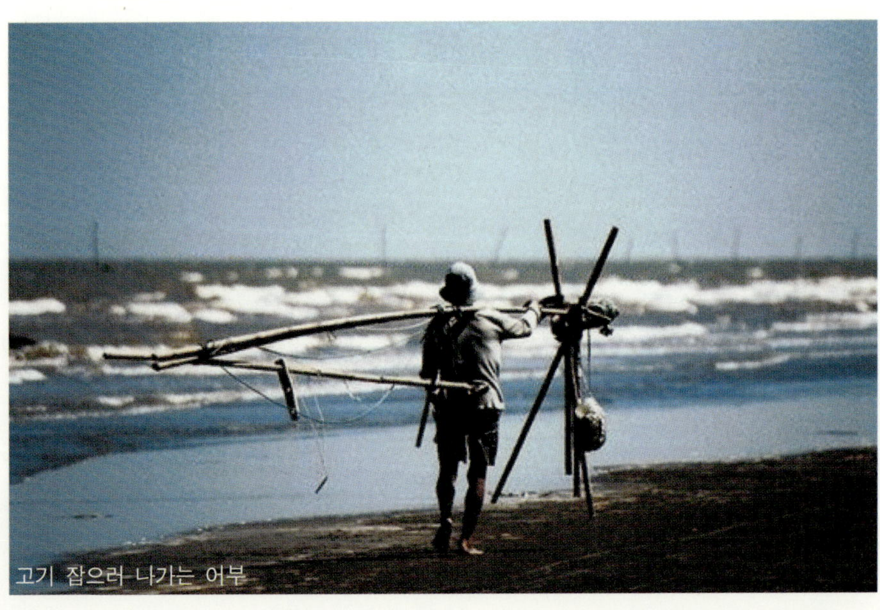
고기 잡으러 나가는 어부

30

서당 선생님

Cả làng có một thầy đồ,
Dạy học thì ít, bắt cua thì nhiều.
Thương thầy trò cũng muốn theo.
Trò sợ thầy nghèo bán cả mình đi.

마을에 서당 선생님 한 분밖에 없네요.
가르치는 것은 적고 게를 잡는 것은 많아요
선생님을 좋아해서 학생들도 따라 가요
학생들은 선생님의 가난을 걱정해서 자기
몸도 팔아요

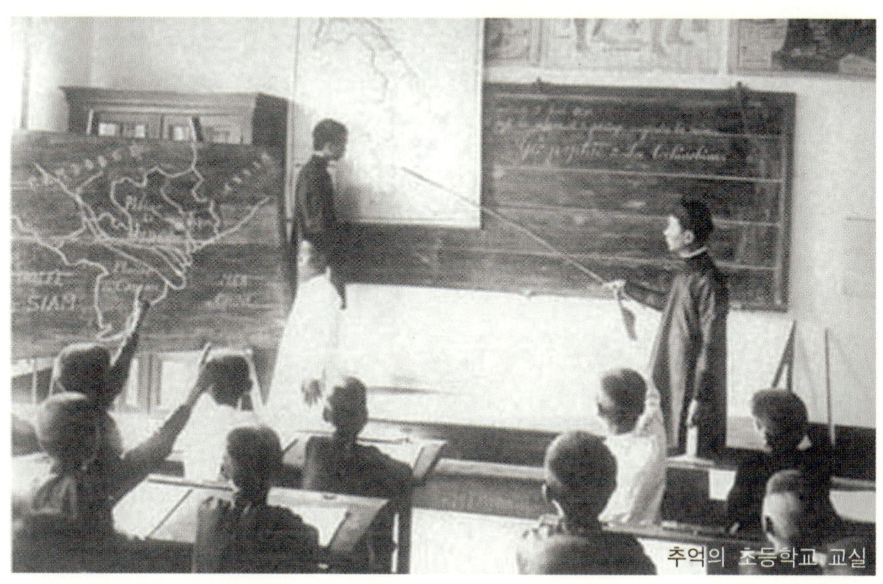

31

농업의 노래

Dưa gang một, chạp thì trồng,
Chiêm cấy trước tết thì lòng đỡ lo.
Tháng hai đi tậu trâu bò,
Cày đất cho ải, mạ mùa ta gieo.

멜론은 섣달과 정월 사이에 심어요
오월 모작을 설 전에 심으면 걱정을 덜어요.
2월에 소와 물소를 사러 가요
땅을 잘 갈고 10월 벼 모를 뿌리세요.

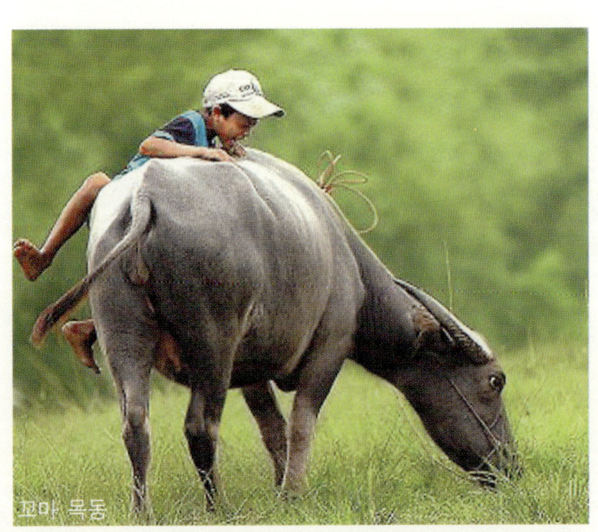

32

중국 뽕나무

Dâu cỏ nhỏ lá chàng ơi,	뽕나무의 잎은 작아요
Chẳng nên đi chọn những nơi dâu tàu.	중국의 뽕나무를 고르지 마세요.
Dâu cỏ nhỏ lá mà xinh,	뽕나무의 잎은 작아도 예뻐요
Dâu tàu to lá nhưng mình không ưng.	중국 뽕나무 잎은 커도 마음에 안 들어요.

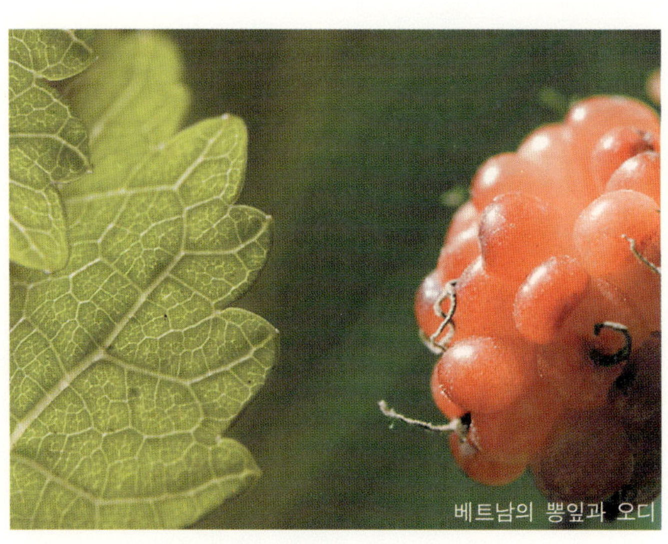
베트남의 뽕잎과 오디

33

축제의 노래

Dù ai buôn bán đâu đâu,
누군가가 어디에서 장사를 해도

Mồng mười tháng tám chọi trâu thì về.
8월10일 물소 싸움 축제엔 돌아오세요.

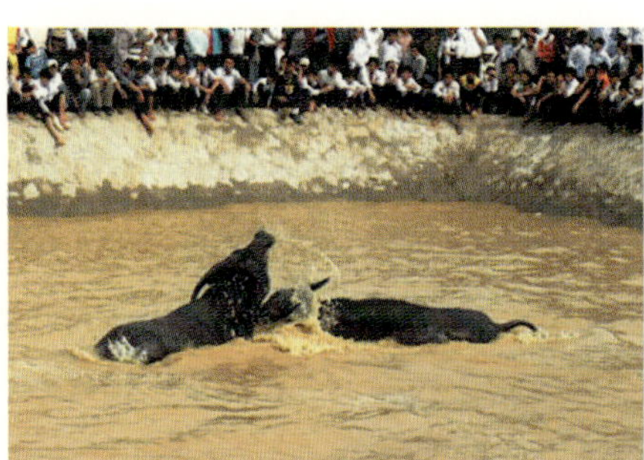

물속에서 한 바탕

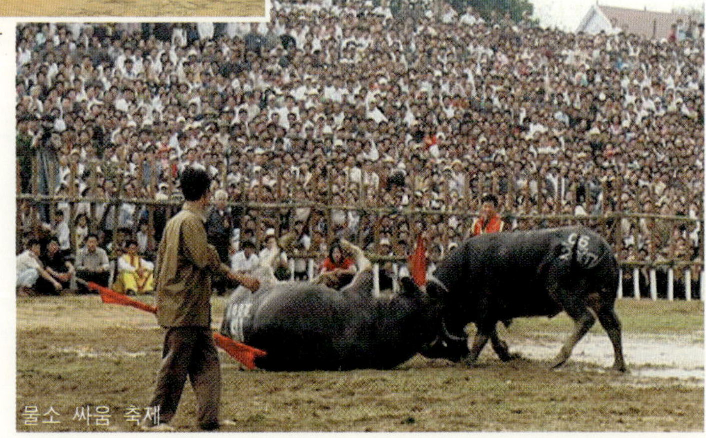

물소 싸움 축제

34

상인의 마음

Dò sông dò biển dễ dò,
Biết đâu được bụng lái buôn mà dò.

강이나 바다는 깊이를 쉽게 잴 수 있지만
장사하는 사람의 마음을 어떻게 알 수
있어요?

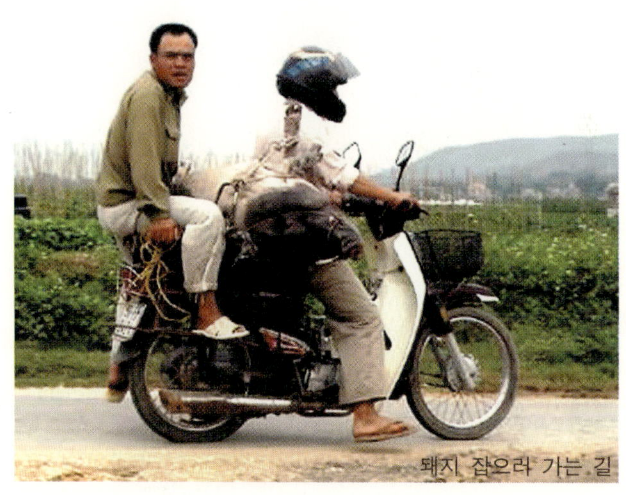

돼지 잡으러 가는 길

35

고구마와 옥수수

Được mùa chớ phụ ngô khoai,

풍작일 때 고구마와 옥수수를 업신여기지 마세요

Đến năm thất bát lấy ai bạn cùng.

흉년 들면 무엇을 드실 건가요?

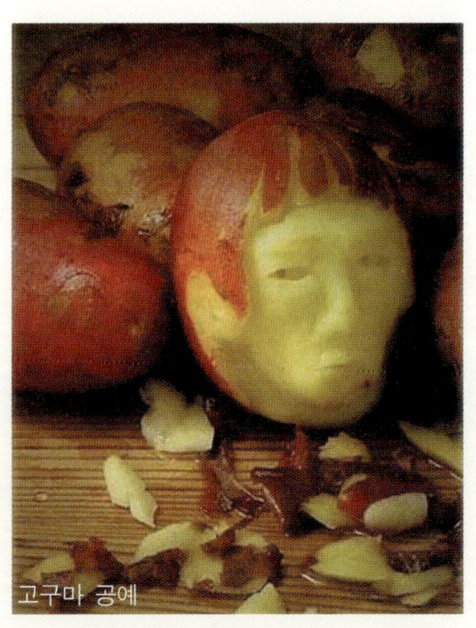
고구마 공예

36

사랑의 노래

Đêm hè gió mát trăng thanh,

Em ngồi canh cửi còn anh vá chài.

Nhất thương là cái hoa lài,

Nhì thương ai đó áo dài ấm thân.

Gặp người sao có một lần,

Để em thương nhớ tần ngần suốt năm.

여름밤 바람이 시원하고 달이 밝네요

나는 천을 짜고 당신은 그물을 기워요

가장 좋은 것은 냐이꽃1)이며

다음으로 좋은 것은 긴 옷 입은, 따뜻한 사람이에요

당신을 단 한번 만났는데

나는 1년 내내 당신을 사랑하고 그리워해요

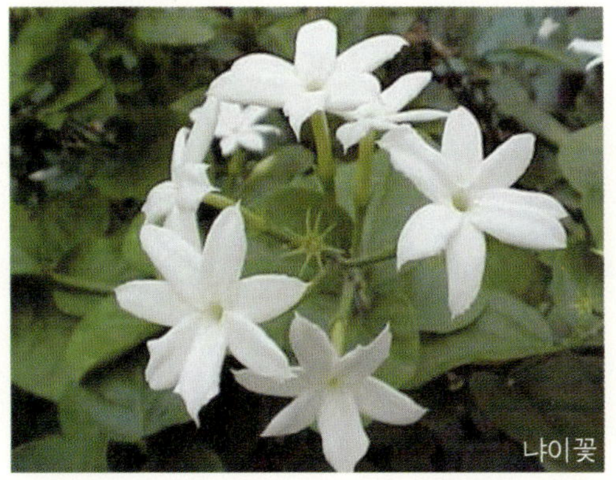

---

1) 냐이는 꽃의 한 종류.

37

부부 사랑의 노래

Đêm hè mát gió trăng thanh,
Em ngồi chẻ lạt cho anh chắp thừng.
Lạt chẳng mỏng sao thừng được tốt,
Duyên ta đã trót cùng nhau.
Trăm năm thề những bạc đầu
Chớ tham phu quí đi cầu trăng hoa.

여름 밤 바람이 시원하고 달이 밝네요
당신은 밧줄을 덧붙여 꼬고
나는 앉아 대나무 막대기를 갈라요
대나무 막대기가 얇지 않으면 밧줄이 좋을 수 있나요?
우리는 인연이 있었으니 백년해로를 생각하며
부귀를 탐내어 달과 꽃을 찾으러 가지 마세요.1)

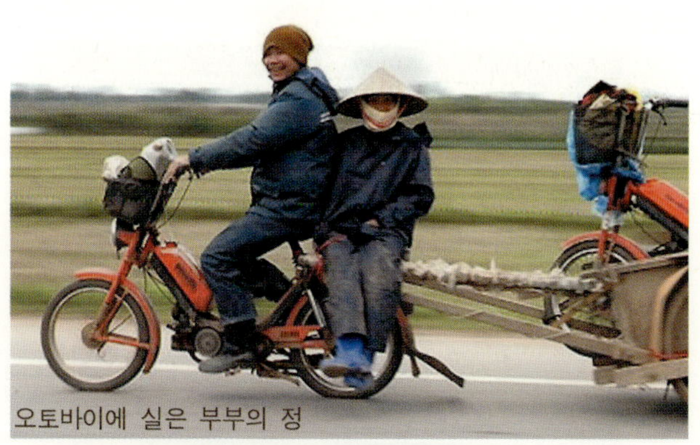
오토바이에 실은 부부의 정

---

1) 바람 피는 사람을 경계하는 말로, '달을 잡을 수 없는 것'에 비한다. 꽃은 다른 여자를 지칭하는 말이다.

38

축제의 노래

Đã đi đến đám thì chơi,

Đã đi đến đám tiếc lời làm chi.

축제에 와서 놀아요

축제에 와서 말을 아끼지 마세요

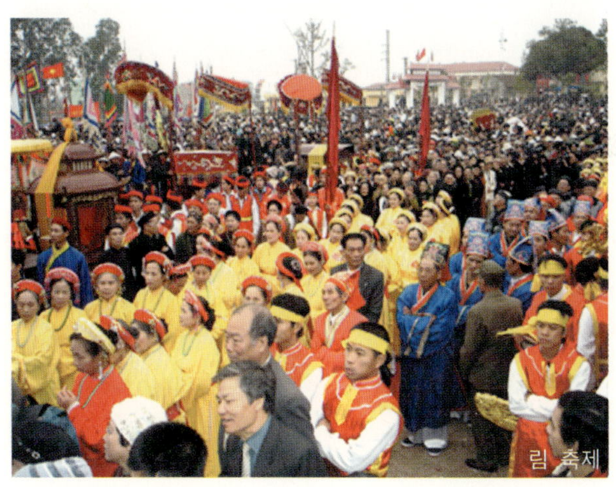

39

끼에우 아가씨의 운명

Đi về Thọ Lão hát chèo,
Có thương lấy phận nàng Kiều thì
thương.

토나오1)에 가면 재오2)를 부르세요
끼에우 아가씨3)의 운명을 사랑하려면
사랑하세요

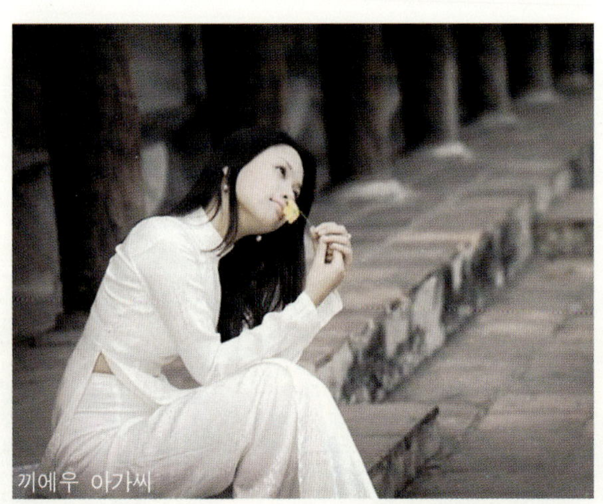

---

1) 토나오(Thọ Lão)는 지역 이름.
2) 베트남 전통극의 한 종류.
3) 끼에우(Nàng Kiều)는 「끼에우전」에 나온 투끼에우를 말한다. 투끼에우는 예쁘고 재능이 있는 여자이지만,
   아버지를 구하기 위해 자기를 팔았다. 그래서 그녀는 이곳저곳을 방랑하며 살았다.

40

노래 시합

Đồn đây có gái hát tài,	여기서 노래 잘 부르는 여자가 있다는 소문을 들었어요
Để ta đối địch một vài trống canh.	나와 함께 한 두 경의 시간을 노래 시합해 봐요
Dẫu thua dẫu được cũng đành,	이겨도 져도 괜찮아요
Bỏ công đèn sách học hành bấy lâu.	오랫 동안 노래를 익혀온 것으로 만족해요

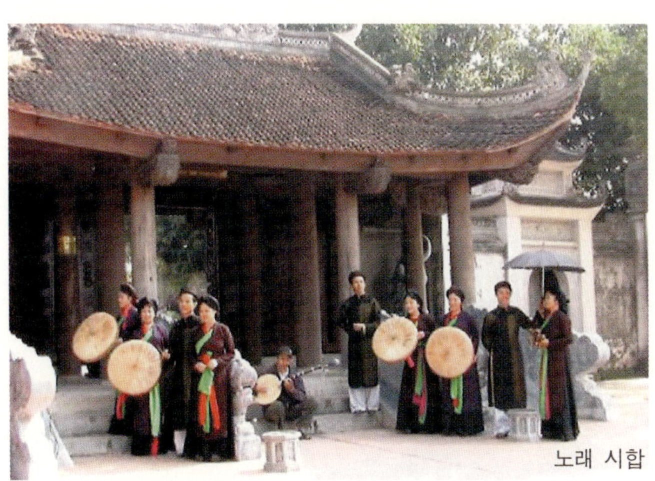

노래 시합

축제의 노래

Đông quan mở hội vui thay,	똥꽌1)에서 축제가 열려 즐겁네
Thi văn thi võ lại bài cờ tiên.	문장 시합도 무예시합도 있고 신선의 장기도 벌여놓았네
Sân đình nhạc múa đôi bên,	절의 마당에서 남녀 양편이 음악과 춤을 즐기네
Dưới sông chèo hát lại dìm bóng trâu.	강위에서 노를 저으며 노래를 부르고 물소 싸움도 하네
Bắt dê bắt vịt leo cầu,	염소와 오리를 다리에 올라가도록 하네
Lại đây anh kể trước sau một trò.	여기에 오면 내가 한 가지 이야기를 말 해줄게2)
Pháo cần treo lửng treo lơ,	대나무에 폭죽을 어중간하게 걸어서
Để cho quân tử đẩy trò đốt chơi.	군자가 즐기도록 폭죽을 태우네요
Leo dây, múa rối trò bày,	줄을 타기도 하고, 수상인형극도 하고, 희극도 하네
Kẻ hay đáo đĩa người tài đánh đu.	놀이꾼이 접시놀이를 하고, 재주꾼이 그네 놀이를 하네
Anh hùng thực nữ giao du...	영웅과 숙녀들은 서로 즐기며 논다네

---

1) 베트남의 지명.
2) 축제에서 대중을 상대로 만담가가 이야기를 들려주는 경우가 있었음.

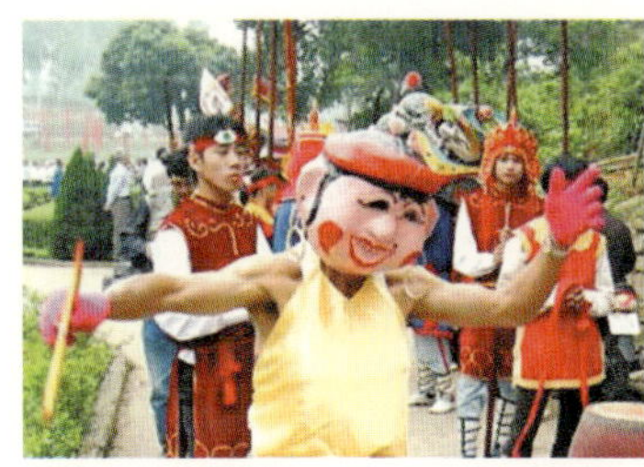

홍왕 할아버지
제삿날의 민속놀이

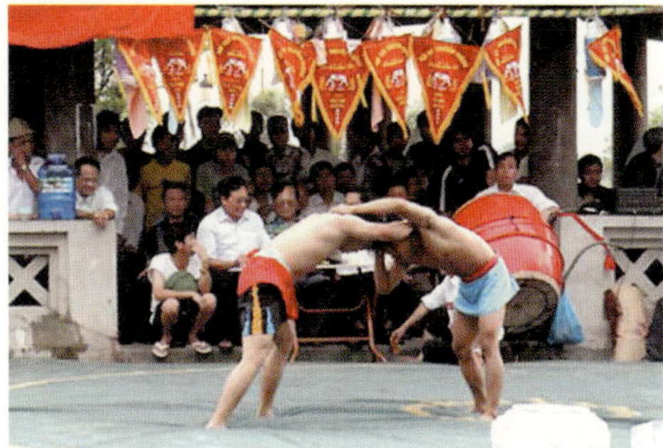

똥꽌축제에서의 씨름

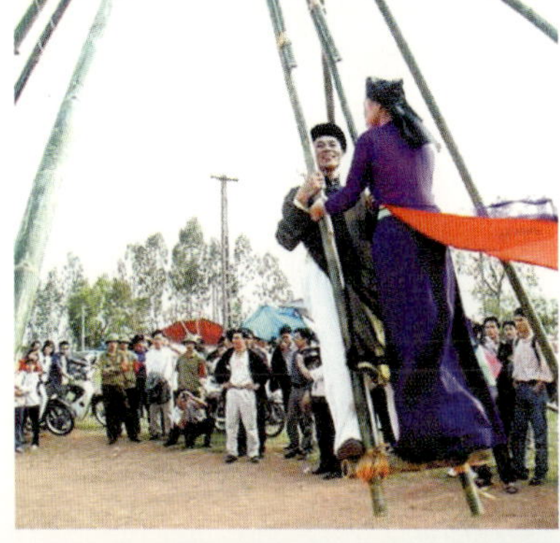

박닌성 림 축제의
그네놀이

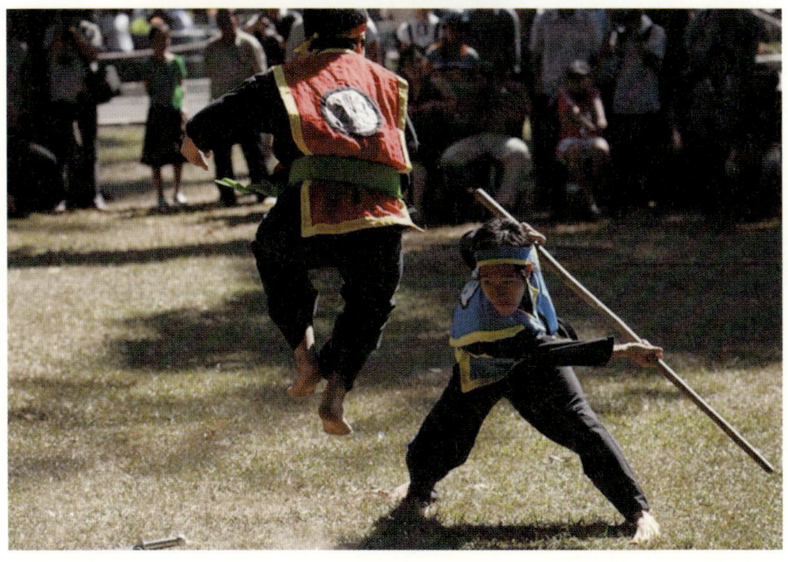

인간
장기놀이

42

어울림의 노래

Đưa lên ta ví đôi lời,
Sáo đôi với nhị, nhị đôi với đàn.

내가 올라 갈테니 한 두 마디 수작해요
피리와 해금, 해금과 비파처럼 어울리게 해요

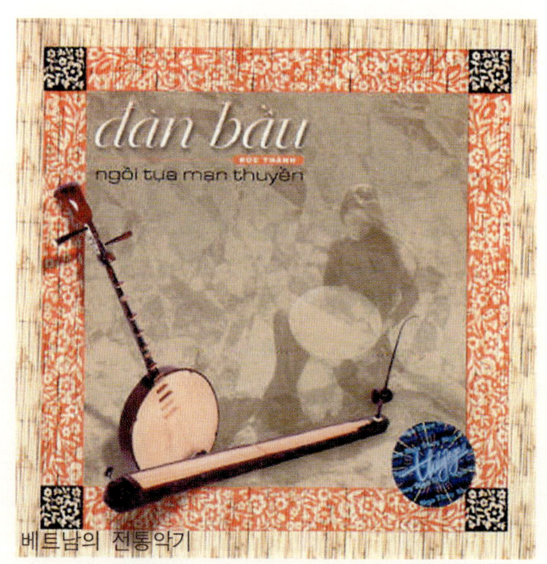

베트남의 전통악기

43

고향과 축제를 그리며

Đi mô cũng nhớ quê nhà,
Nhớ câu hát ghẹo nốc kề bên nhau.

어디에 가든 고향이 그립네
남녀가 서로 가까이서 주고받는 희롱의
노래가 그립네[1]

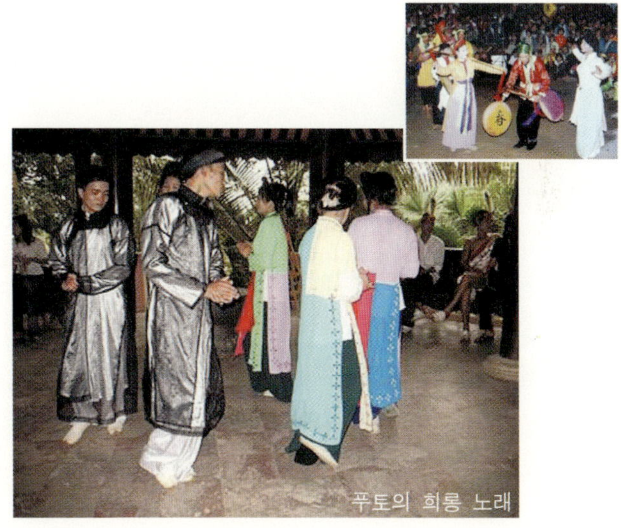

____

1) 노를 저으며 남녀 양쪽이 부르던 전통노래.

44

방아 노래

Đến đây chẳng lẽ ngồi không,
Nhờ chàng giã gạo cho đông tiếng hò.

여기에 와서 왜 할 일 없이 앉아 있는가
호 소리1)를 많은 사람들이 함께 부르기 위해
당신에게 방아 찧기를 부탁해요2).

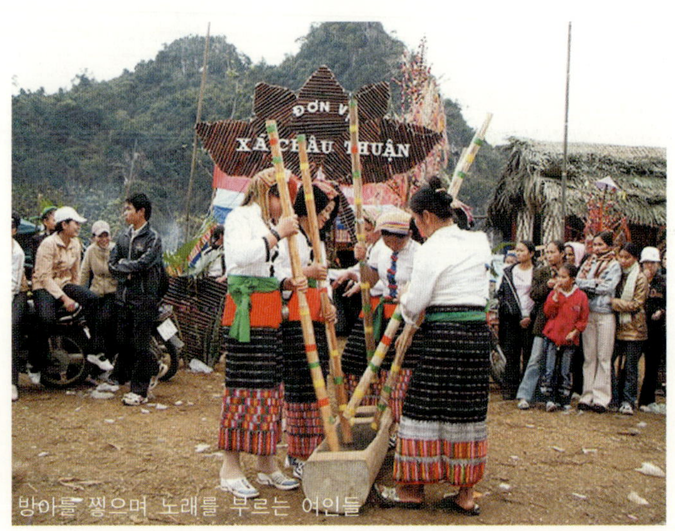

방아를 찧으며 노래를 부르는 여인들

---

1) 함께 소리를 맞추어 부르는 노동요로서, 방아노래를 말함.
2) 벼를 찧으며 부르던 노래. 호 자가오(hò giã gạo)라고 부른다.

45

장사꾼의 마음

Đắt hàng gặp ả cùng anh,
Ế hàng gặp những thông manh
quáng gà.

물건을 잘 파는 날엔 아가씨와 총각을 만났는데
물건을 못 파는 날엔 눈치 없는 사람만 만났네

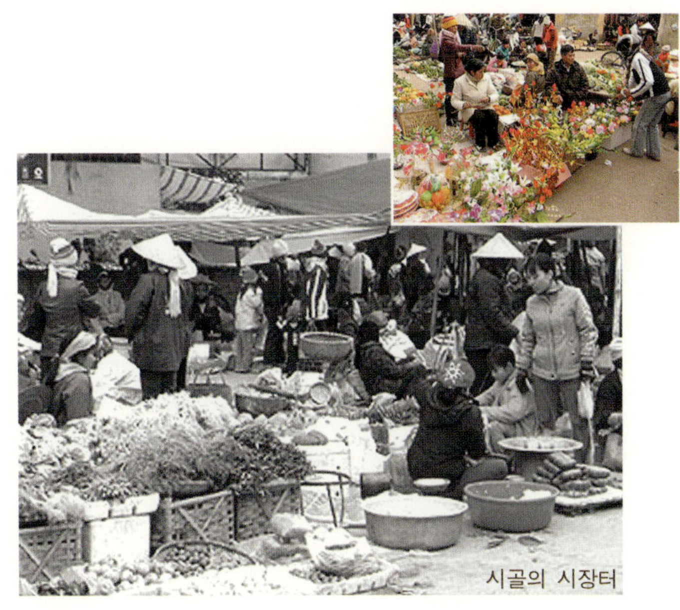
시골의 시장터

46

면학의 노래

Nhỏ thì thơ dại biết chi,	어릴 적엔 어려서 모르지만
Lớn rồi đi học, học thì phải siêng.	커서 학교에 가면 열심히 공부해야 해요
Theo đời cũng thể bút nghiên,	다른 사람과 비교할 수 있는 건 붓과 벼루뿐일세
Thua em kém chị cũng nên hổ mình.	동생이나 누나보다 못하면 부끄러워 하세요

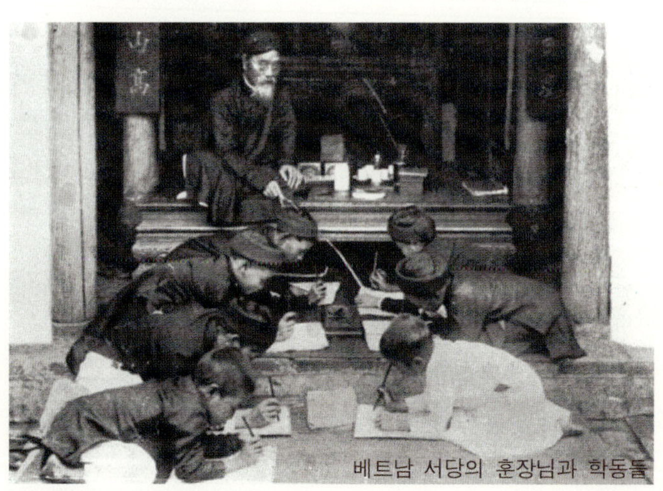
베트남 서당의 훈장님과 학동들

47

근로의 노래

Em nay đi cấy đồng sâu,
Dưới chân đỉa cắn, trên đầu nắng chang.

Chàng ơi! có thấu chăng chàng,
Một bát cơm vàng biết mấy công lênh.

나는 깊은 논에 모 심으러 가요

다리엔 거머리가 물고 머리 위엔 햇살이 쨍쨍
내려 쪼여요

그대 ! 그 어려움을 알겠어요 ?

금처럼 밥 한 그릇은 얼마나 많은 공로가
들었는지를.

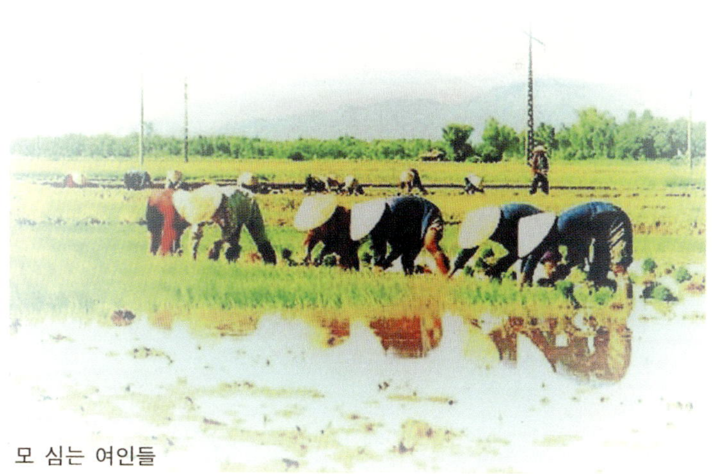

모 심는 여인들

48

자장가

Em ơi đừng khóc chị yêu,　　　　동생아, 사랑해! 울지 마라!
Nín đi chị kể truyện Kiều cho nghe.　조용히 내가 끼에우 이야기[1]를 말해 줄게

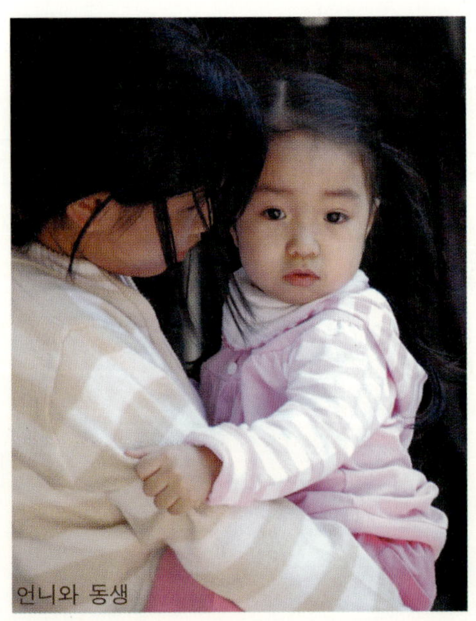

언니와 동생

---

1) 「끼에우전(truyện Kiều)」은 18세기에 응우엔 주(Nguyễn Du)가 쯔놈으로 만든 시 소설이다. 쯔놈을
대표하는 작품으로 평가된다.

49

타향의 노래

Em đến đây xứ lạ quê người,
Rủ hò vui miệng, chớ cười lời thơ.

타향 객지에 있는 이 몸이
즐거이 내 노래를 할 테니, 웃지 마세요

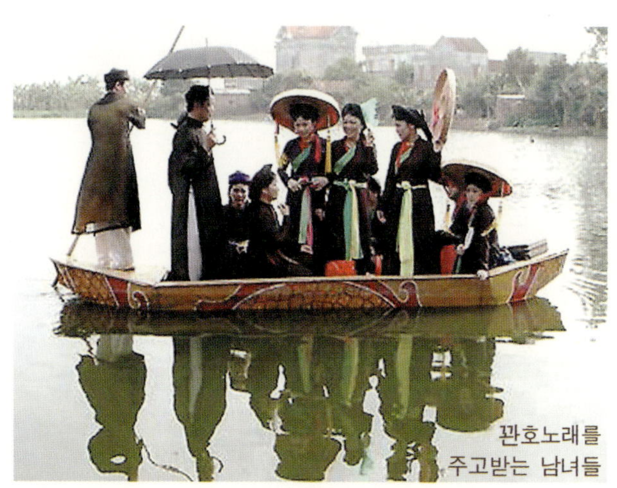

꽌호노래를
주고받는 남녀들

50

그리움

Em ôm bó mạ xuống đồng,
Miệng ca tay cấy mà lòng nhớ ai.

내가 논으로 벼 모를 안고 내려가네
입으로 노래를 부르며 손으로 심지만, 마음은
누군가를 그리워하네

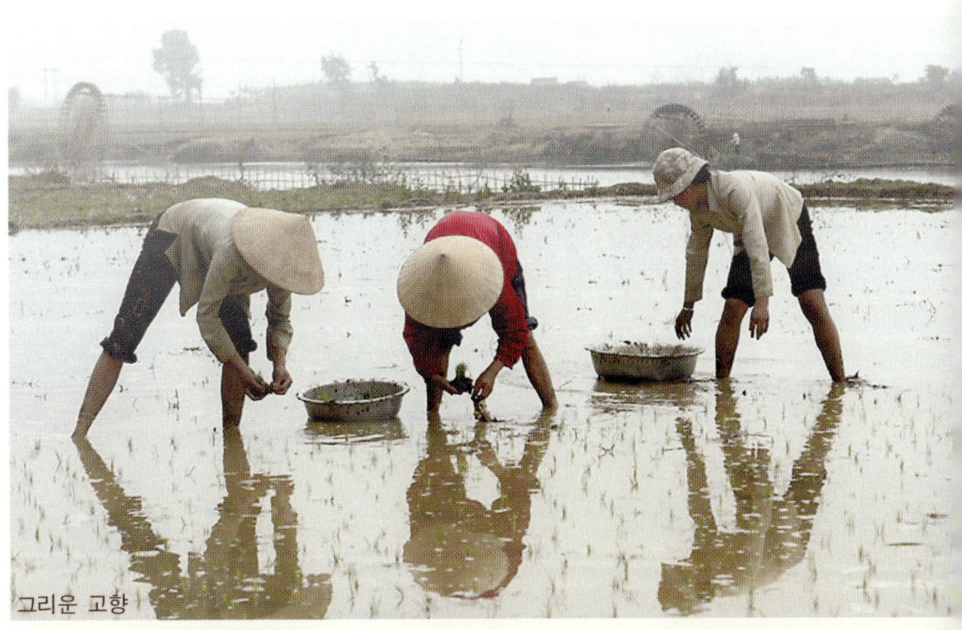

그리운 고향

51

노랫소리

Em nghe tiếng hát đâu xa,
Còn trẻ hay già mà tiếng còn sang.

어디에선가 노래가 들려오네
젊은이인지 늙은이인지 목소리는 아직도
아름답네

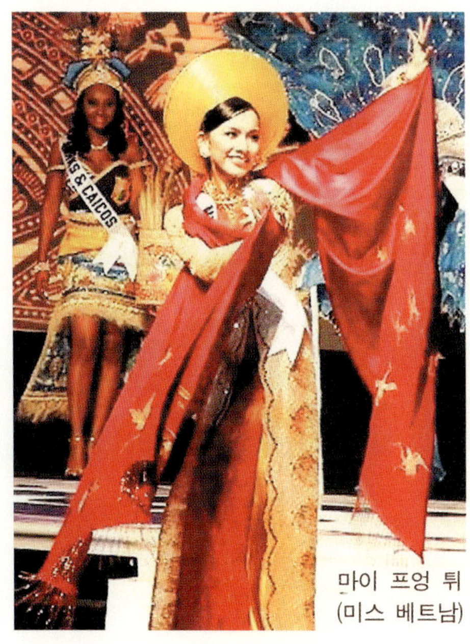

마이 프엉 튀
(미스 베트남)

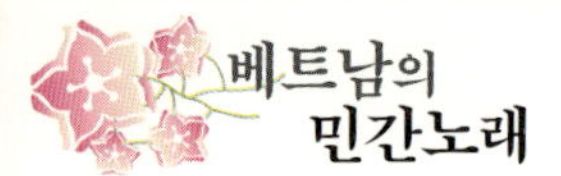

52

사랑의 노래

Em về dệt cửi trên khung,

Để anh đọc sách cùng chung một đèn.

Vải em em bán lấy tiền,

Em mua lụa liền may áo cho anh.

Trong thì lót tím lót xanh,

Ngoài thêu đôi bướm lượn cành phù dung.

나는 돌아와 직기(織機)에 천을 짜요

당신이 책을 읽는 불빛을 같이 사용해요

내 천은 내가 팔아서 돈을 벌어요

비단 한 필을 사서 당신 옷을 만들어요

안에는 보라색 푸른색 안감을 대요

밖에는 부용꽃에 날아드는 한 쌍의 나비를 수 놓아요

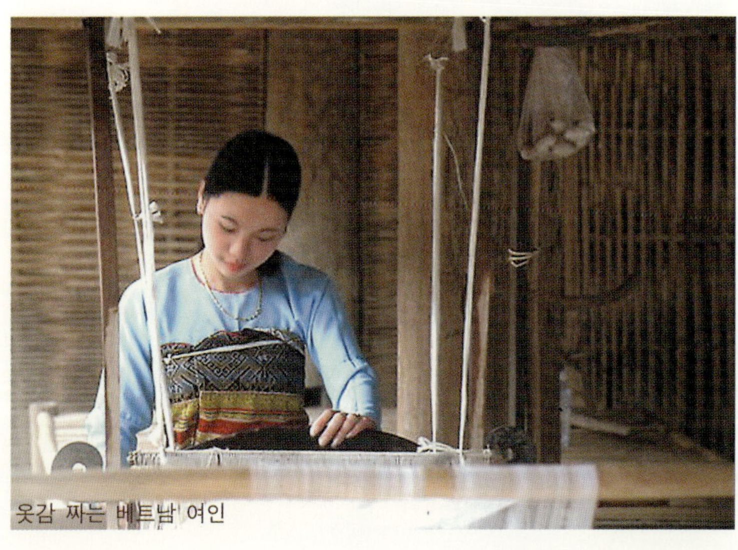

옷감 짜는 베트남 여인

53

지혜의 노래

Giỏi giang chớ vội khoe tài,
Sông sâu sào ngắn bể trời mênh mông.
Nước to sóng cả không chừng,
Đã vào gian hiểm xin đưng non tay.

잘 해도 서둘러 자랑하지 마세요
깊은 강엔 장대가 짧고 바다와 하늘은 넓고 커요.
물이 많아야 파도가 커도 모르지요
위험에 들어가면 주저하지 말아요

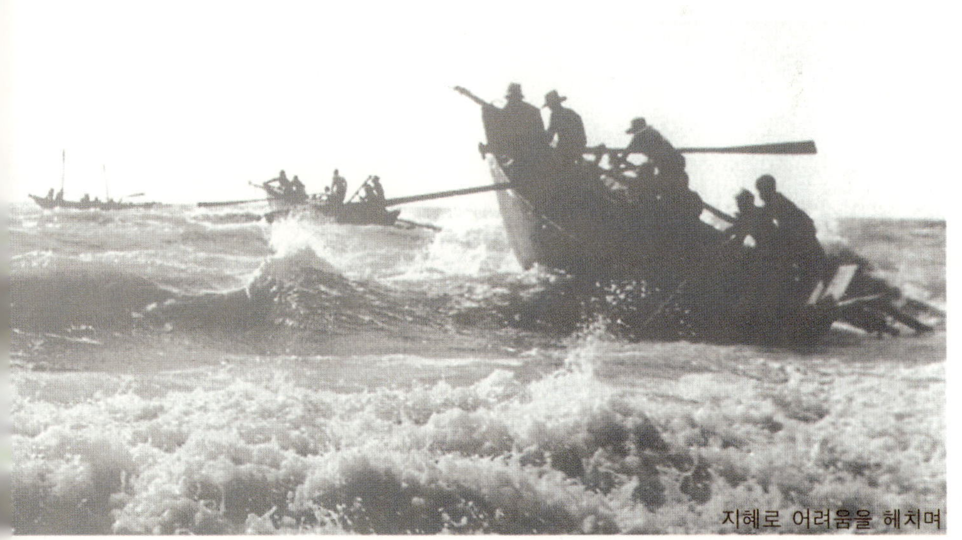

지혜로 어려움을 헤치며

54

교훈가

Em ơi nhớ lấy quân buôn,
Hồi vui nó ở hồi buồn nó đi.
Tin nhau buôn bán cùng nhau,
Thiệt hơn hơn thiệt trước sau như lời.
Hay gì lừa đảo kiếmlời,
Một nhà ăn uống tội trời riêng mang.

Theo chi những thói gian tham,
Phôi pha thực giả tìm đường dối nhau.
Của phi nghĩa có giàu đâu,
Ở cho ngay thật giàu sang mới bền.

동생아 ! 장사꾼과 결혼하지 말아
기쁠 때는 같이 살고 안 좋을 땐 그가 떠나요
서로 믿고 같이 장사해야 해요
이익이 있든 없든 한결 같아야 해요
속여서 이익을 얻는 것이 좋은 일인가?
한 집이 다 같이 먹고 살지만, 하늘로부터 죄는
자기만 받아요
욕심 부리고 탐내는 데 어떻게 따라갈 수 있는가?
시간이 흐르면 진짜와 가짜가 서로 속여요
옳지 못한 재물로 부자가 되겠는가?
정직하게 살아서 부자가 되어야 오래 간다오

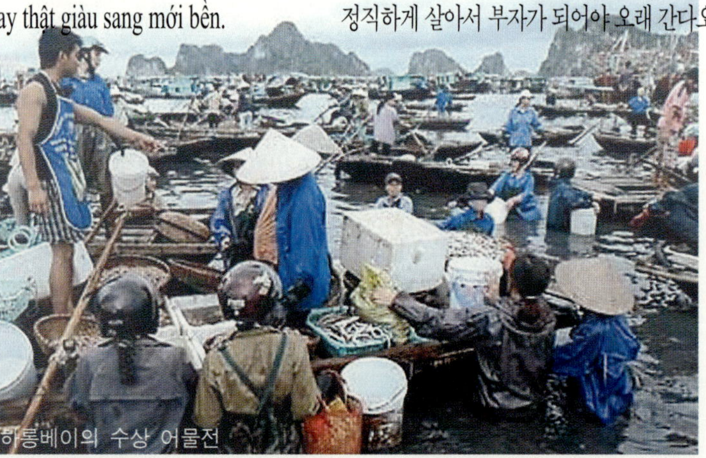
하롱베이의 수상 어물전

55

남편의 노래

Chợ Thốt Lốt có lập đài khán võ,
Chợ Cờ Đỏ tuy nhỏ mà đông.
Thấy em buôn bán anh chẳng vừa lòng,
Để anh làm mướn kiếm từng đồng nuôi em.

톨롯시장1)에 무술을 시합하는 무대가 만들어져 있고
거도시장2)은 작지만 사람도 많네
당신이 장사하는 것을 보니 내 마음이 안 좋아요
내가 품팔이로 돈을 벌어 당신을 부양하지요

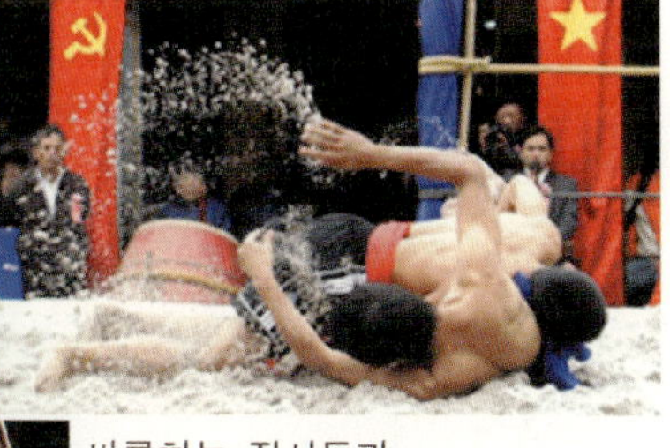

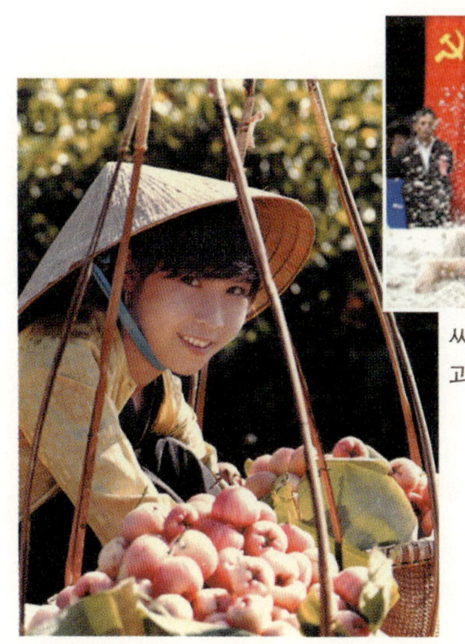

씨름하는 장사들과
과일 파는 아가씨

---

1) 톨롯(chợ Thốt Lốt)은 시장 이름.
2) 거도(chợ Cờ Đỏ)는 시장 이름.

56

농사의 노래

Gỗ kiền anh để đóng cày,
Gỗ lim gỗ sến anh nay đóng bừa.
Răng bừa tám cái còn thưa,
Lưỡi cày tám tấc đã vừa luống tơ.
Muốn cho lúa nảy bông to,
Cày sâu bừa kĩ, phân tro cho nhiều.

견나무로 쟁기를 만들려고 해요
림과 센나무로는 써레를 만들어요
써레 이빨 여덟 개는 아직도 듬성듬성해요
쟁기의 혀는 여덟 길에 딱 맞아요
벼 이삭을 크게 자라도록 하려면
깊게 갈고 잘 고르고 비료를 많이 줘야해요

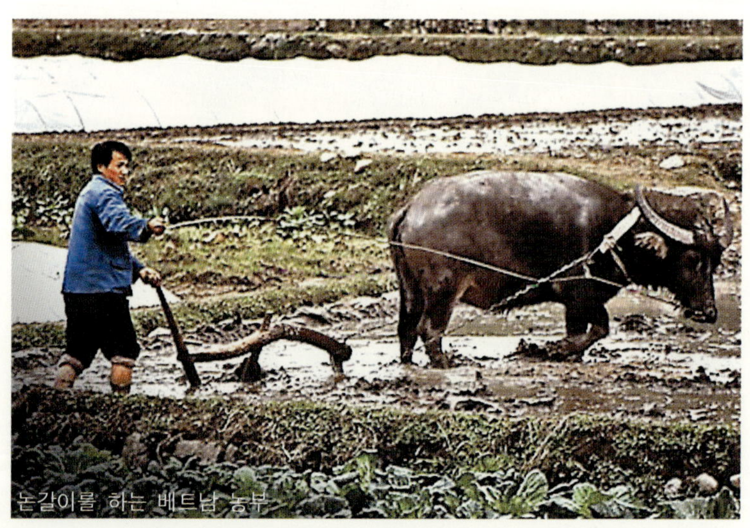
논갈이를 하는 베트남 농부

57

누렁 닭

Gà nâu chân thấp mình tóp,

Đẻ nhiều trứng lớn con vừa khéo nuôi.

Chả nên nuôi giống pha mùi,

Đẻ không được mấy con nuôi vụng về.

누렁 닭은 다리가 짧고 몸매가 작지만

큰 알을 많이 낳고 병아리도 잘 키워요

다른 종을 키우지 마세요

알도 많이 낳지 않고 병아리도 잘 키우지 않아요

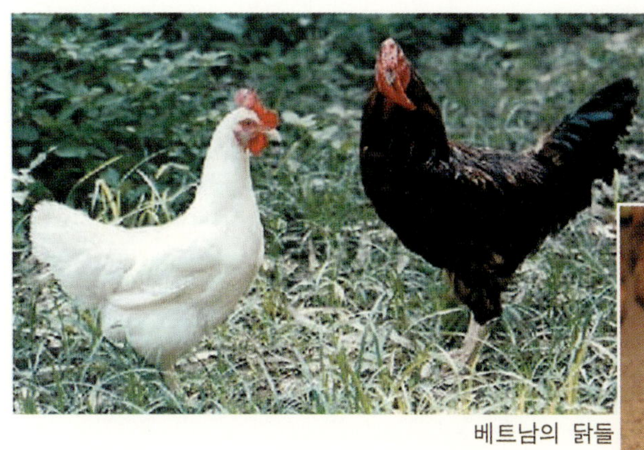

베트남의 닭들
(누렁닭, 흰닭, 장닭)

58

사랑의 노래

Gái trai cất giọng đêm hè,
Tình ta trăng gió nghiêng về nước non.
Sông sâu nước chảy đá mòn,
Lòng ta sau trước sắt son không rời.

여름 밤에 남녀가 소리 높여 노래를 불러요
우리 사랑은 달과 바람과 산과 같아요
깊은 강은 물이 흘러서 돌을 닳게 해도
내 마음은 일편단심 변하지 않아요

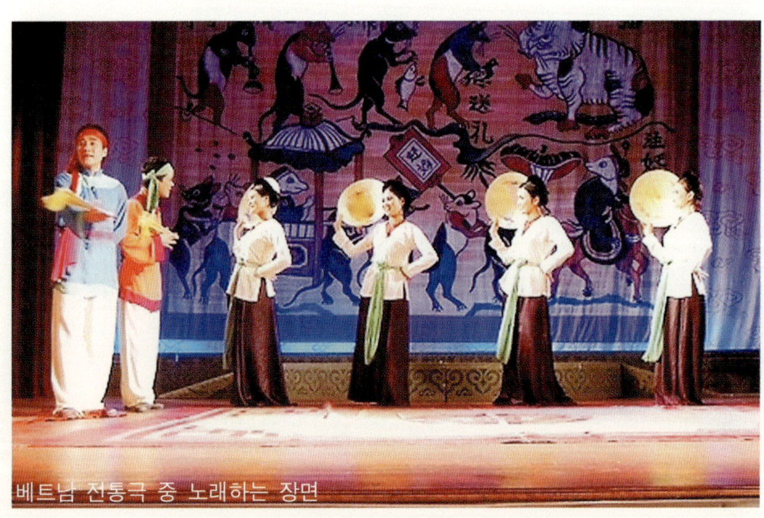
베트남 전통극 중 노래하는 장면

59

유흥의 노래

Hát cho đổ quán xiêu đình,

Cho long lanh nước cho rung rinh trời.

가게가 무너지고 정이 기울어지도록

물이 반짝반짝 빛나고 하늘이 흔들리도록

노래를 불러요

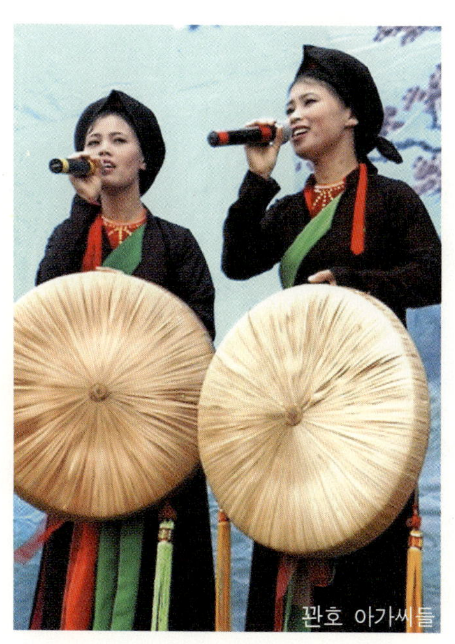

60

초대의 노래

Nghe chàng là khách tài hoa,
Mời chàng đối đáp một vài trống canh.

당신이 재주 있는 손님이라 들어서
한 두 경 동안 노래를 주고받고자
초대합니다.

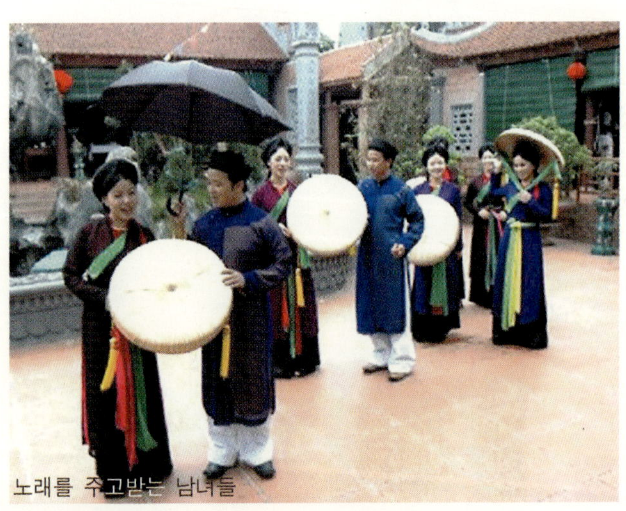
노래를 주고받는 남녀들

61

사랑의 노래

Có lá mà lại có cành,	잎이 있어 가지도 있네요
Có em mà lại có mình mới vui.	저도 있고 당신도 있으니 즐겁네요

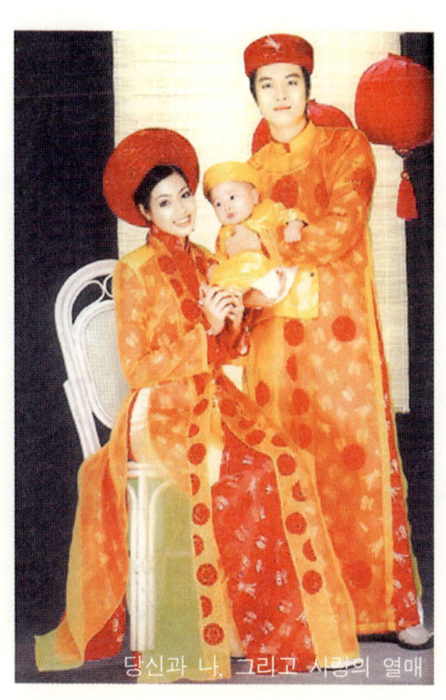

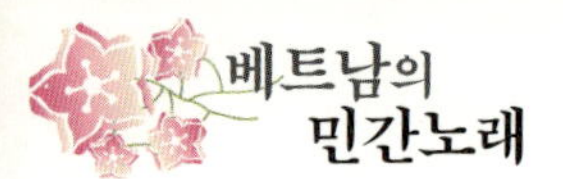

62

열렬히 노래 불러요

Hò chơi bên gái bên trai,	남자 여자 서로 함께 노래를 부르지만.
Xin cùng cô bác đừng ai nghi ngờ.	아줌마 아저씨 의심하지 마세요.
Hát đàn cho rạng đông ra,	해가 뜰 때까지 노래를 하고
Sau về quan bỏ nhà pha cũng đành.	돌아가서 관리가 감옥에 넣어도 좋아요.
Hát sao cho cạn dòng sông,	강이 마르도록 노래를 불러요
Cho non phải lở, cho lòng phải say.	산이 무너지도록, 마음이 취하도록 불러요.

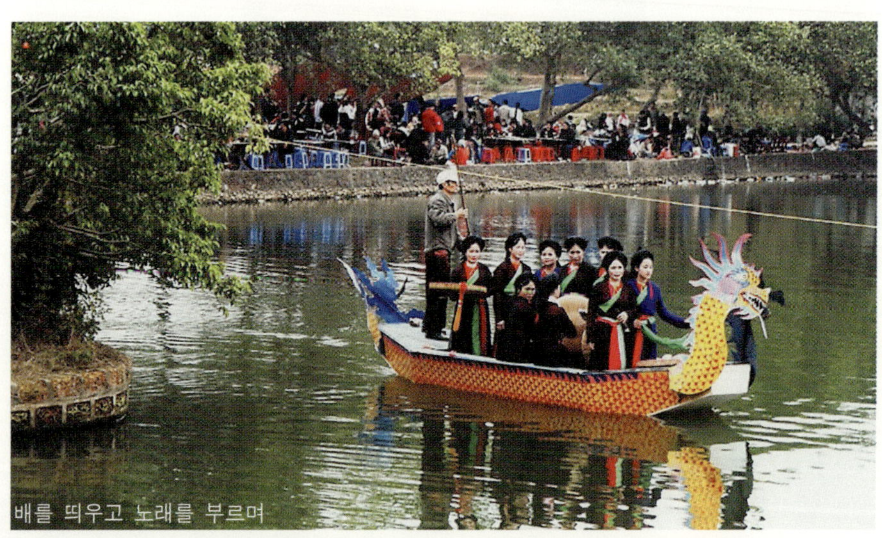
배를 띄우고 노래를 부르며

63

그리움의 노래

Hôm qua dệt cửi thoi vàng,
Sực nhớ đến chàng, cửi lại dừng thoi.

Cửi rầu, cửi tủi chàng ơi,
Ngọn đèn sáng tỏ bóng người đằng xa.

어제 금북으로 베를 짰어요
갑자기 당신이 떠올라 베틀이 북을 멈추게
하네요
베틀이 슬프고 서운하여, 그대여!
등잔은 밝은데 그대의 그림자가 멀군요!

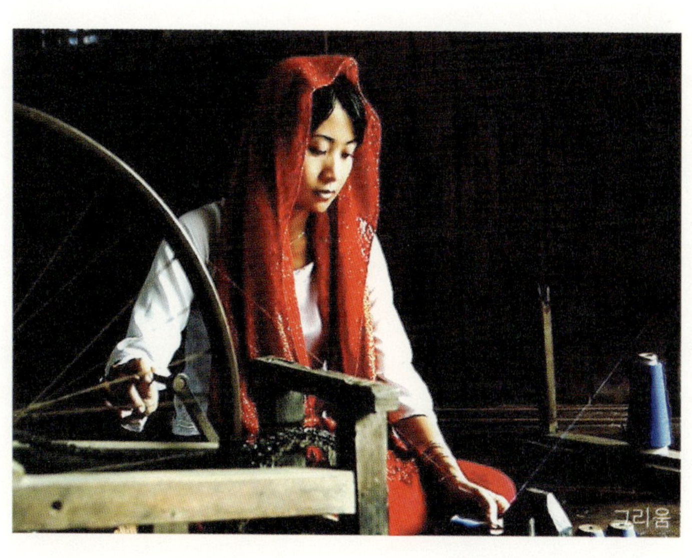

64

일편단심의 노래

Hỏi anh làm thợ nơi nao,
Để em gánh đục gánh bào đi theo.

그대는 어디에서 목수 일을 하는가요?
내가 끌과 대패를 메고 따라 가려고요.

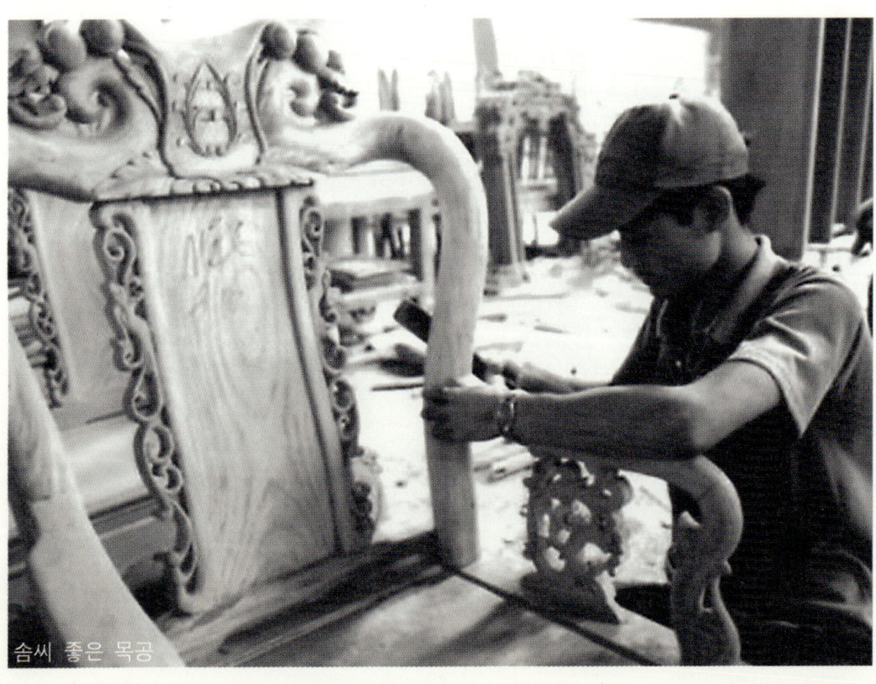

65

농촌의 바쁜 생활

Khó thay công việc nhà quê,	농촌의 일이 어렵네
Quanh năm khó nhọc giám hề khoan thai.	일년내내 힘들지만, 게을리 할 수 없네
Tháng chạp thì mắc trồng khoai,	섣달엔 고구마를 심어야 하고
Tháng giêng trồng đậu, tháng hai trồng cà.	정월엔 콩을 심고, 이월엔 가지를 심어야 하네.
Tháng ba cày vỡ ruộng ra,	삼월엔 논을 갈고
Tháng tư gieo mạ, thuận hoà mọi nơi.	사월엔 이곳저곳 동시에 볍씨를 뿌려야 하네
Tháng năm gặt hái vừa rồi,	오월엔 맞추어 수확을 해야 하고
Bước sang tháng sáu nước trôi đầy đồng.	유월에는 논 가득 물을 흘려야 하네
Nhà nhà vợ vợ chồng chồng,	집집마다 아내와 남편
Đi làm ngoài đồng sá kể cơm trưa...	논에서 일을 할 땐 점심 생각도 안나네...

바쁜 농부들

66

자립의 노래

Khó nghèo cấy mượn gặt thuê,
Lấy công đổi của chớ hề luỵ ai.

어렵고 가난해도 벼를 심고 수확하는데 품을 팔아
그 품으로 돈을 벌지, 누구에게도 의지하지 마세요

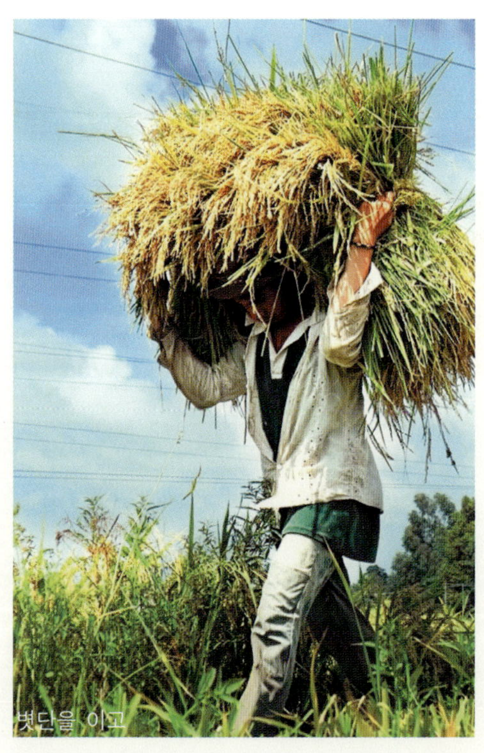

볏단을 이고

67

꽌호 축제의 노래

Khăn vuông bốn chéo cột trùm,
Miệng cười người nghĩa hò giùm ít câu.

사각형 수건의 대각선으로 묶으세요
입이 웃고 의(義)로운 사람이 몇 마디
노래를 부르세요.

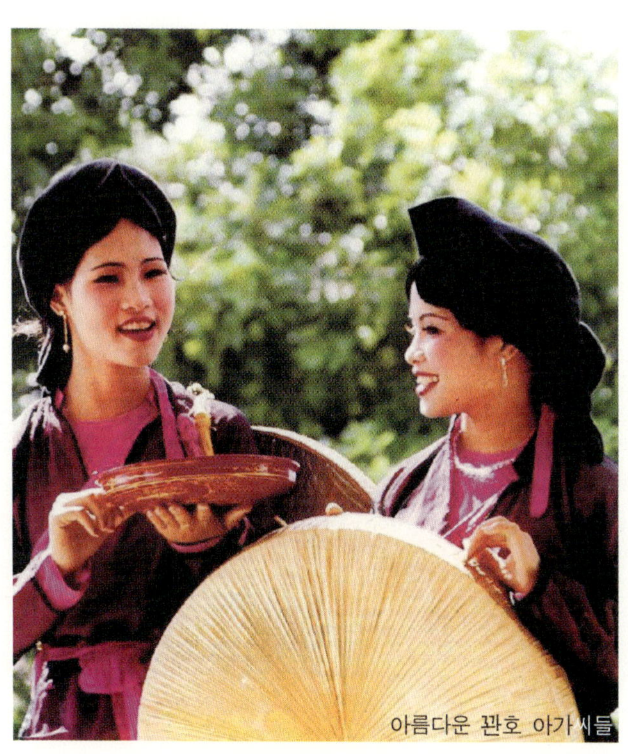

아름다운 꽌호 아가씨들

68

근로의 노래

Lao xao gà gáy rạng ngày,	닭이 시끄럽게 울어 날이 새면
Vai vác cái cày, tay dắt con trâu.	어깨에 쟁기를 지고, 손에 물소를 끌고 가요.
Bước chân xuống cánh đồng sâu,	깊은 논에 들어서서
Mắt nhắm mắt mở đuổi trâu ra cày.	한 눈은 감고 한 눈은 뜬 채로1) 물소를 몰면서 땅을 갈아요.
Ai ơi bưng bát cơm đầy,	누군가 가득 채운 밥 한 그릇을 들고
Nhớ công hôm sớm cấy cày cho chăng?	아침저녁으로 땅을 갈고 벼를 심은 공로를 기억합니까?

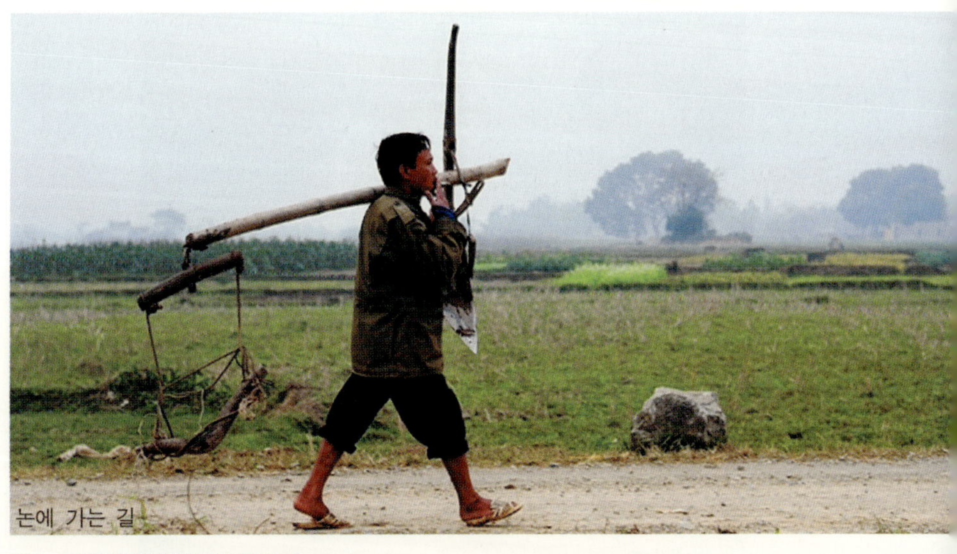

논에 가는 길

---

1) 일찍 일어나서 졸리기 때문에.

69

수확의 노래

Trời mưa cho lúa chín vàng,
cho anh đi gặt cho nàng đem cơm.
Đem thời bát sứ mâm son,
Chớ đem mâm gỗ anh hờn không ăn.

비가 내려 벼가 노랗게 익어가네
내가 수확을 하러가면 당신은 밥을 가지고 와주네
도자기 그릇과 붉은 쟁반에 담아서 가지고 와요
나무 쟁반으로 가지고 오지마세요, 내가 삐치고 안 먹어요

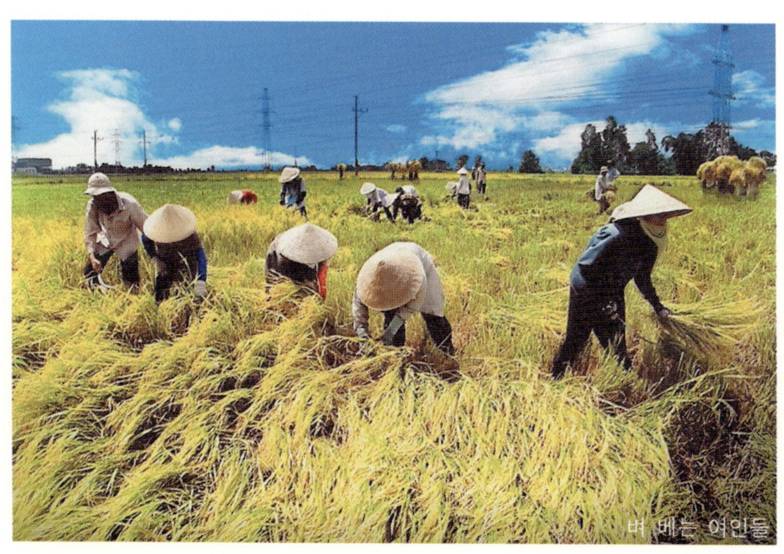

70

농사일 노래

Tháng giêng lúa mới chia vè,
Tháng tư lúa đã đỏ hoe đầy đồng.
Chị em đi sắp gánh gồng,
Đòn cân tay hái ta cùng ra đi.

정월의 벼에는 이파리만 달렸는데
사월엔 논밭의 벼가 누렇게 익었네.
자매가 가잉고옹[1]을 준비하고
저울과 낫도 준비하여 함께 나가네.

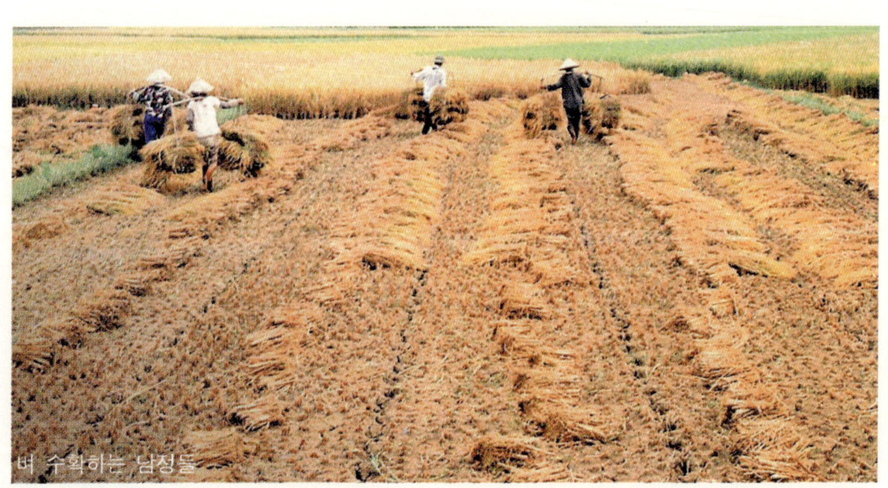
벼 수확하는 남정들

---

1) 물건을 운반할 때 쓰는 도구. 두 개의 바구니에 줄을 매달고 막대기로 꿰어서 어깨에 메고 다님.

71

양돈의 노래

Lợn bột thì thịt ăn ngon,
Lợn nái thì đẻ lợn con cũng lời.

아기돼지 고기를 맛있게 먹어도 좋고
암돼지가 새끼를 낳아 이익을 얻어도 좋네.

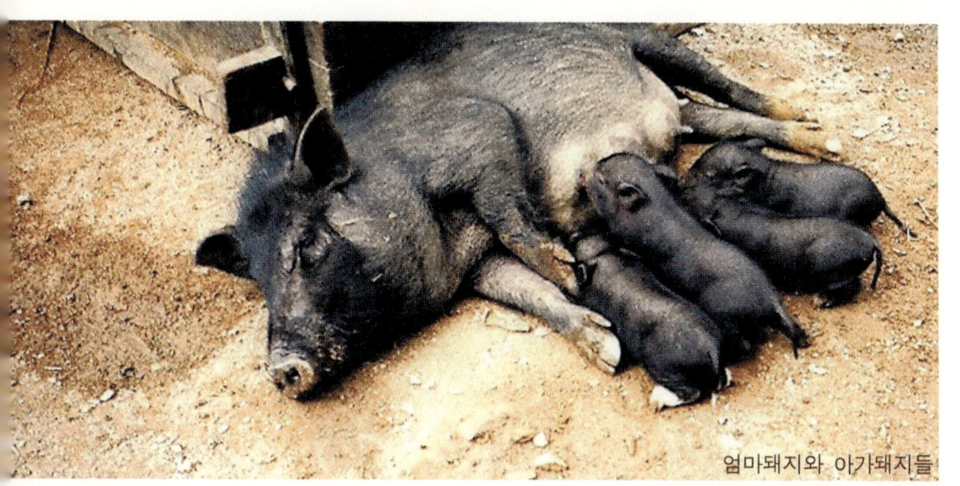

엄마돼지와 아가돼지들

72

노래를 통한 교제

Lý mấy câu kẻ sầu trong dạ,
Như ta với mình trước lạ sau quen.

노래 몇 마디를 불러보니 마음이 슬퍼지네
당신과 내가 처음엔 몰랐지만, 곧바로 알게
되었네.

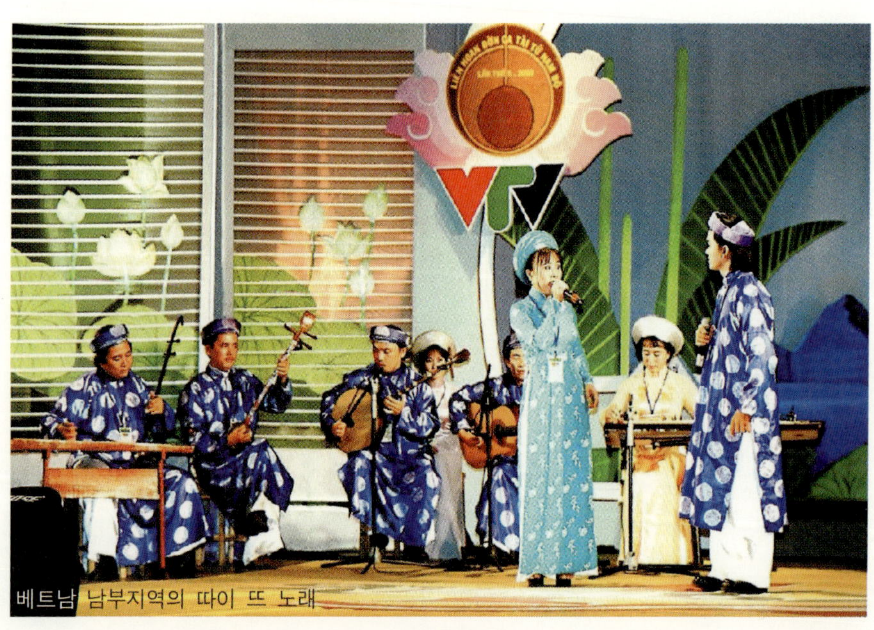
베트남 남부지역의 따이 뜨 노래

73

구혼의 노래

Lấy anh thì sướng hơn vua,

Anh đi xúc giậm được cua kềnh càng.

Đem về nấu nấu rang rang,

Chồng chan vợ húp lại càng hơn vua.

나랑 결혼해주면 왕보다 더 낫게 해드리지요

내가 통발을 가지고 큰 게를 잡아요

가지고 와서 국도 끓이고 볶기도 해요

남편이 부어주고 아내가 마시면 왕보다 더 좋겠지요

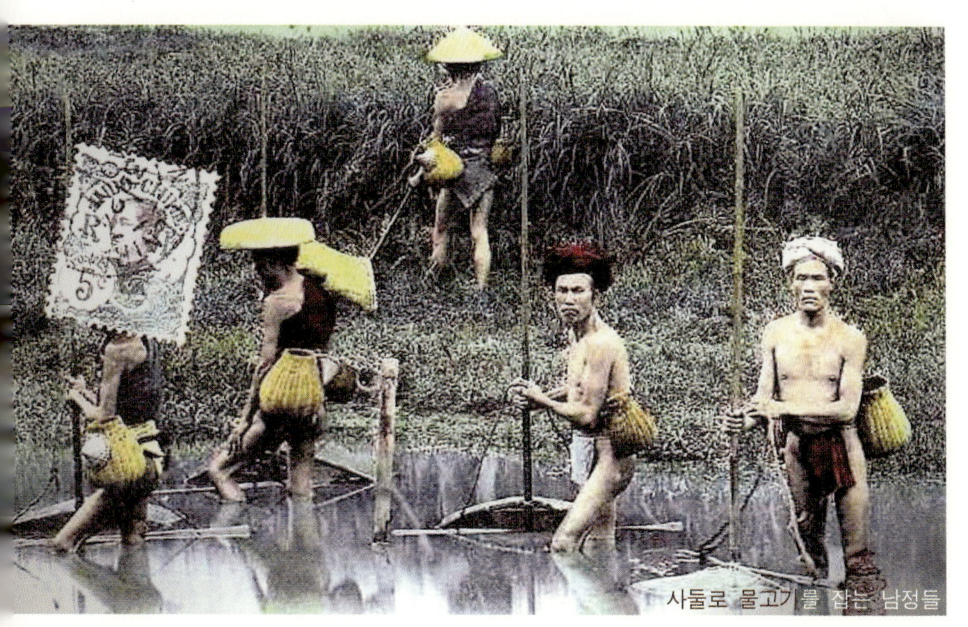

사둘로 물고기를 잡는 남정들

74

목수 아내의 즐거움

Lấy chồng thợ mộc sướng sao,
Mạt cưa rấm bếp bỏ vào nấu cơm.
Vỏ bào còn nỏ hơn rơm,
Mạt cưa nấu bếp còn thơm hơn trầm.

목수 남편과 결혼하니 아주 좋아요
톱밥으로 불을 피우고 밥을 지어요.
볏짚보다 대팻밥은 더 말라 있고
톱밥으로 요리하면 백단향보다 향이 더
좋아요.

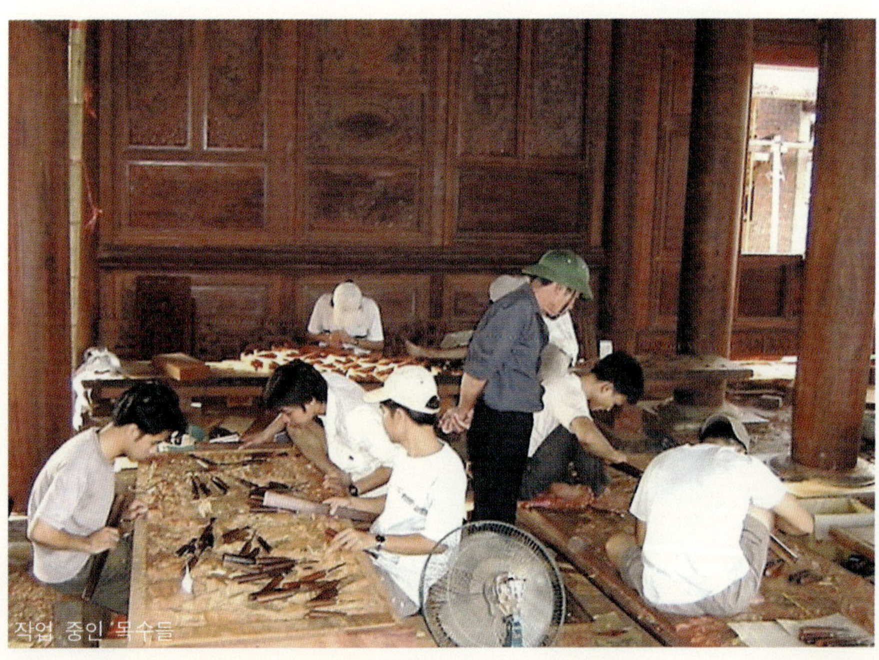
작업 중인 목수들

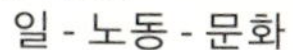

근로의 노래

Mặt trời tan tảng rạng đông,

Chàng ơi! trở dậy ra đồng kẻo trua.

Phận hèn bao quản nắng mưa,

Cày sâu bừa kỹ, được mùa có khi...

Một mai trầu tốt bốc lên,

Một sào trầu tốt bằng tiền mẫu ngô.

동쪽에 여명이 밝아오네

여보야! 일어나 논에 나가세요, 점심시간이 다 되었어요.

가난한 신분으로 햇빛이나 비를 우려하는가요?

깊게 땅을 갈고 고르게 해야 겨우 풍년이 될지 몰라요

앞으로 좋은 쪼우1)가 자라면,

좋은 쪼우 한 사오2)는 옥수수 한 모우3)의 값과 똑 같아요

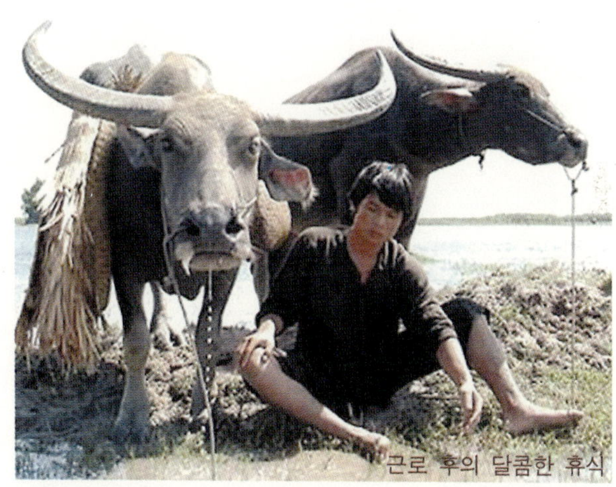

근로 후의 달콤한 휴식

1）빈랑나무와 석회를 함께 싸서 먹는 것이 저우다. 베트남에서 전통적으로 먹어오던 음식.

2）사오(sào)는 베트남의 면적단위. 북부지방에서의 한 사오는 365㎡, 남부지방에서는 540㎡이다. 참고로 한국의 1㎡는 베트남의 3㎡임.

3）모우(mẫu)는 베트남의 면적단위. 1모우는 10사오이다.

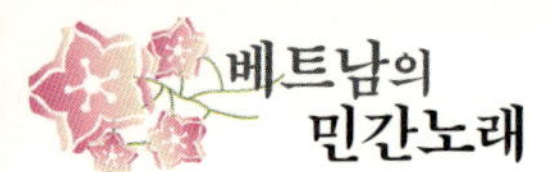

76

남자를 택하는 노래

Một bên khăn rộng áo dài,
Một bên cày cấy lấy khoai đổ bồ.

Hai bên em chuộng bên mô?
Hai bên em chuộng bên bồ khoai lang.

한 남자는 수건과 옷이 넓고 길어요,
한 남자는 땅을 갈고 벼를 심으며 고구마를
얻어 바구니에 넣어요
둘 중에 어느 쪽을 택하느냐?
둘 중에 고구마 바구니를 택해요

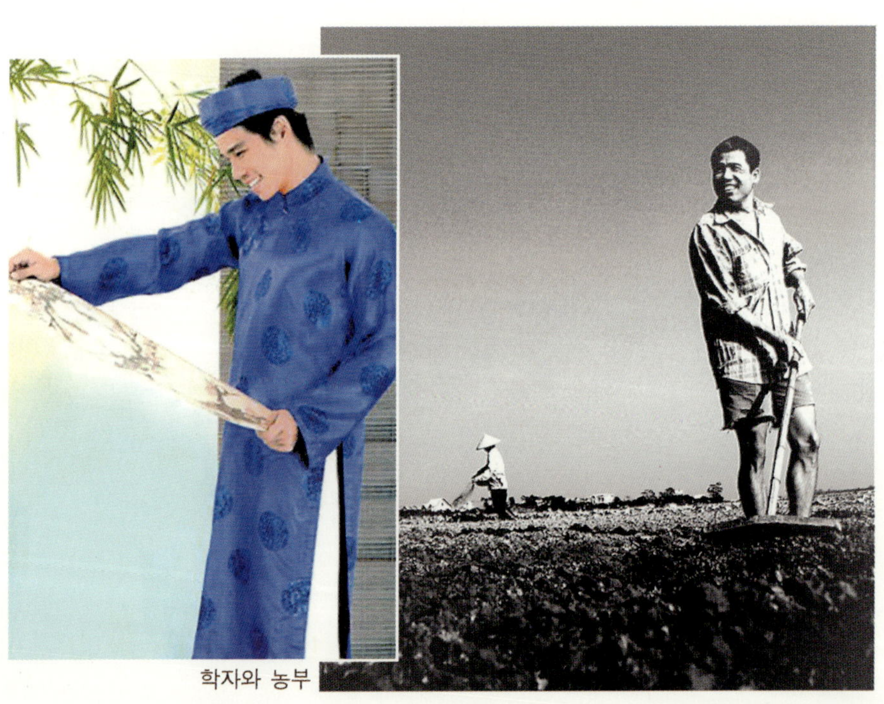

학자와 농부

77

자기 실수의 노래

Một mình vừa chẻ vừa đan,
Lỡ lầm thì chịu phàn nàn cùng ai.

혼자서 (대나무를) 쪼개며 (바구니를) 짜요
실수 해도 참아야지 누구를 원망해요?

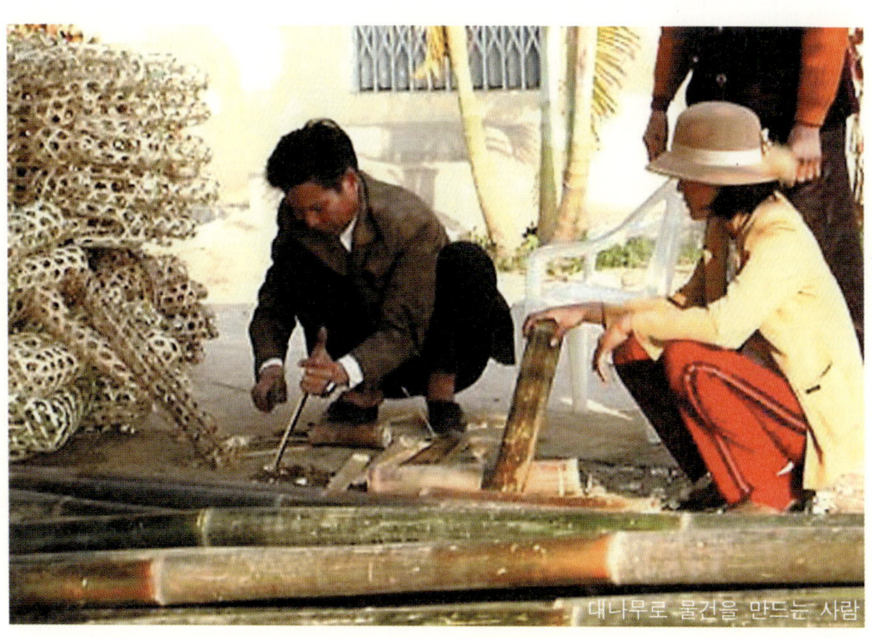

78

죽순의 노래

Muốn ăn măng trúc măng dang,

Măng tre măng nứa cơm lam thì chèo.

Ngược xuôi lên thác xuống đèo,

Chim kêu bên nọ, vượn trèo bên kia.

대나무의 죽순과 장1)의 죽순을 먹고 싶으면

대나무의 죽순과 느어2)의 죽순, 대나무에 찐

람밥3)을 먹고 싶으면 노를 저어요.

폭포에 올라가거나 계곡으로 내려가거나,

이쪽엔 새가 울고 저쪽엔 원숭이가 기어오르네요.

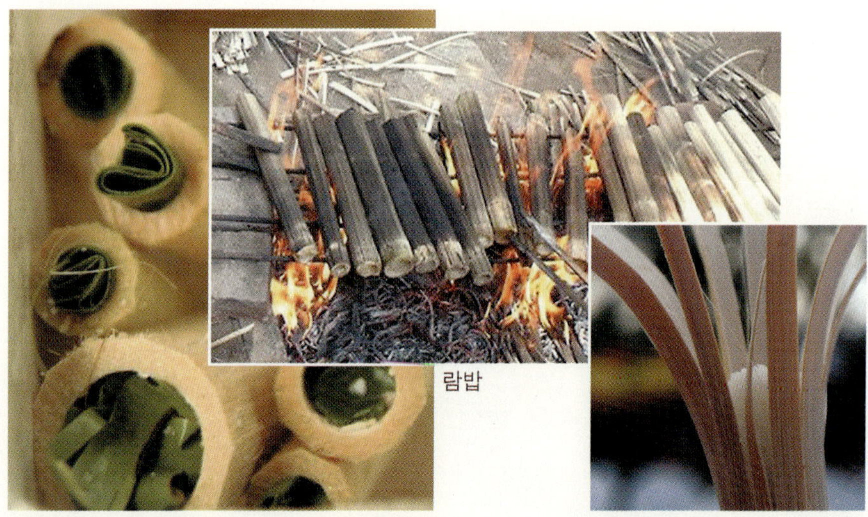

람밥

---

1) 장(dang)은 등대나무의 한 종류.
2) 느어(nứa)는 대나무의 한 종류.
3) 람밥(cơm lam)은 화빙성에 있는 수순민족의 전통 밥. 찹쌀을 대나무에 넣고 삶고 구어 먹는다. 람밥을
   먹으려면 어쩔 수 없이 산 숲에 있는 수순민족 마을에 가야한다는 것이 이 노래의 뜻이다.

79

노래해야 할 이유

Mấy người hát tối hôm qua,
Hôm nay không hát cho ta nghe cùng.
Hát cho con gái có chồng,
con trai có vợ, mẹ dòng có con.

어제 저녁에 노래 부른 몇 사람은,
왜 오늘 노래를 안 해요? 내가 듣고 싶어요
여자는 남편을 얻기 위해 노래 부르세요
남자는 아내를 얻고 아줌마는 자녀를 얻기 위해
노래를 부르세요1).

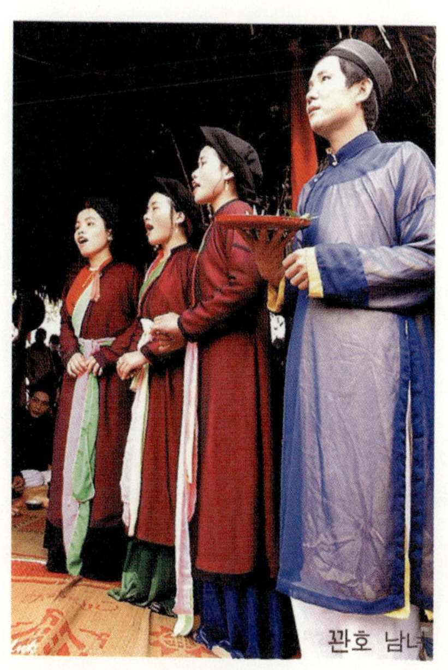

---

1) 옛날 베트남 사람들은 낮에 일을 해야 하므로 남녀 간에 서로 사귈 시간이 없었다. 그래서 저녁에서야
마을 사람들은 절 마당에 모여 남녀 서로 노래를 부르고 마음에 드는 사람이 있으면 고백하고 사귀었다.

80

남녀 어울림의 노래

Mấy khi nam nữ đua đờn,
Cá vui với nước sóng dờn với mây.

남녀가 악기를 시합할 때가 많지 않아요.
물고기는 물과 함께 기쁘고, 파도는 구름과
함께 넘실거려요.

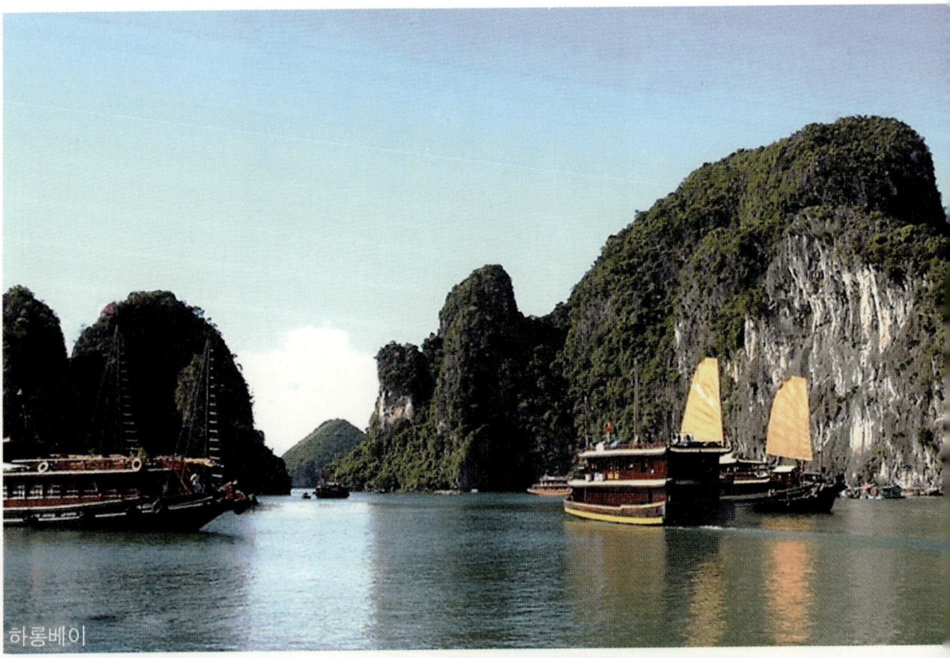

81

코코넛 기름과 머리카락

Mài dừa đạp cám cho nhanh,
Ép dầu mà chải tóc anh cùng nàng.

Mài dừa dưới ánh trăng vàng.
Ép dầu mà chải tóc nàng, tóc anh.

코코넛 껍질을 빨리 벗기세요
기름을 짜내고 내 머리카락과 당신의
머리카락을 빗어요
노란 달빛에 코코넛의 속살을 비벼 빼내요
기름을 짜내어 당신의 머리카락과 내
머리카락을 빗어요

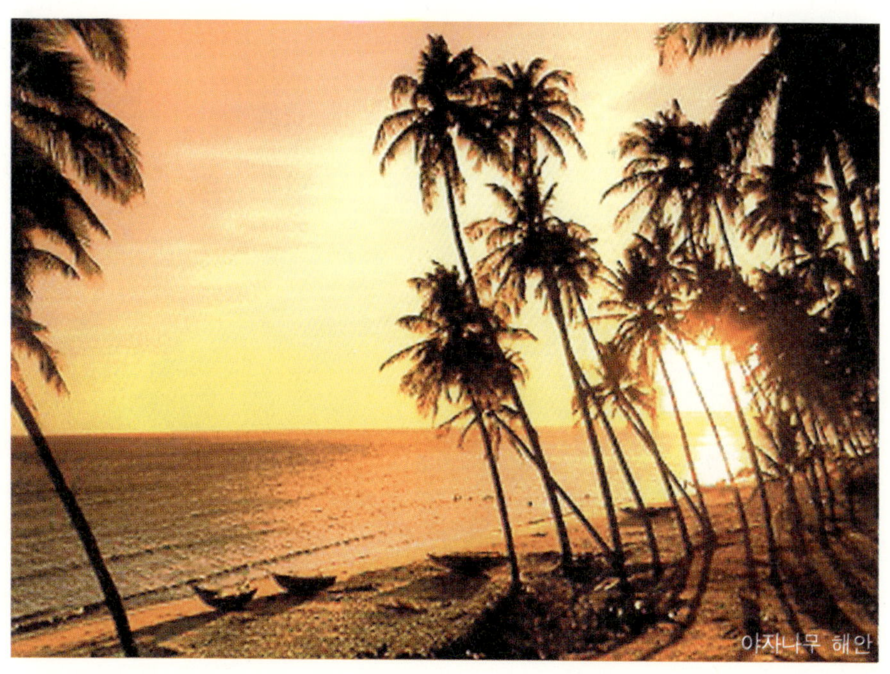

82

그물침대와 사랑

Võng này đan sợ đay già,
Em đi kén võng đã ba năm chầy.
Đôi ta chung mẹ chung thầy,
Đêm trăng chung võng vơi đầy thuỷ chung.

이 그물침대는 황마 줄로 짜네요,
내가 그물침대를 고르러 간 지가 3년이 되었네요.
우리 어머니도 아버지도 똑 같아요
달밤에 같은 그물침대에 부부의 애정이
출렁거려요.

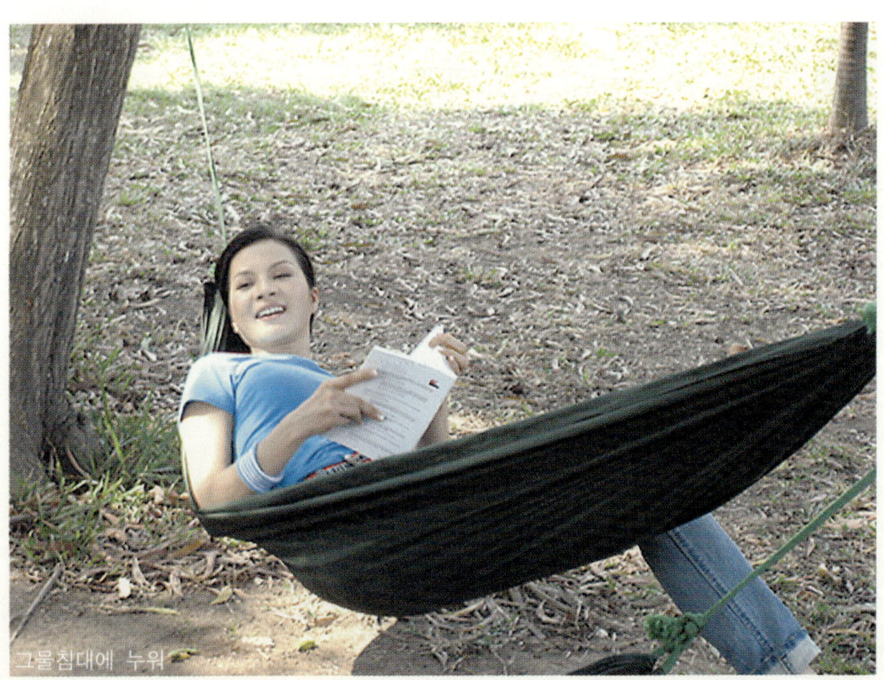
그물침대에 누워

83

대장간 일과 생활

Muốn ăn cơm trắng cá thèn,	흰 밥과 탠샌선1)을 먹고 싶으면,
Thì về Đa Bút đi rèn với anh.	다붓2)에 와서 나와 단련3)하는 일을 합시다.
Một ngày ba bữa cơm canh,	하루에 세 끼 밥과 국을 먹을 수 있어요
Tối về quạt mát cho anh ngồi rèn.	저녁에도 들어와서 바람을 불며 내가 단련하지요.

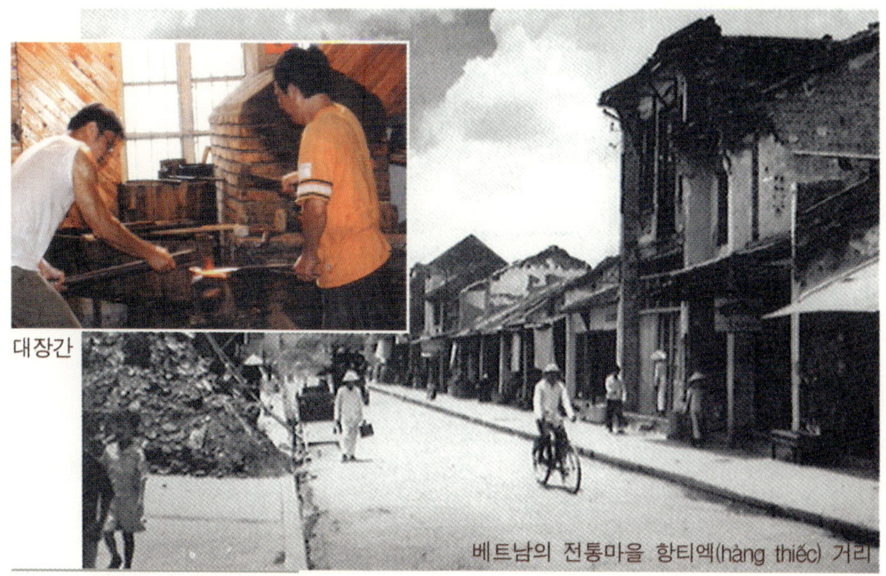
대장간

1) 베트남에서 잡히는 생선의 한 종류.
2) 다붓(Đa Bút)은 지역이름.
3) 호미나 낫 등 연장을 불에 달구어 튼튼하게 만들거나 모양을 바꾸는 일.

84

풍년의 노래

Nhờ trời mưa thuận gió hoà,	하늘 덕에 비바람이 순조롭고
Nào cày nào cấy, trẻ già đua nhau.	땅을 갈거나 벼를 심거나 젊은이와 늙은이가 경쟁하네
Chim, gà, cá, lợn, cành cau.	새, 닭, 생선, 돼지, 빈랑 나뭇가지1)
mùa nào thức ấy giữ màu nhà quê.	어느 계절이든 그것들은 고향의 특색을 지키네.

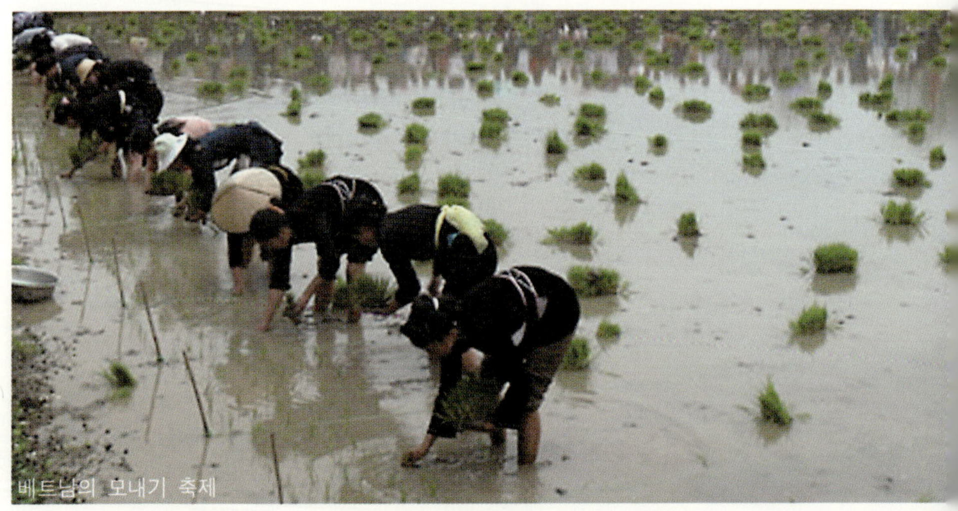
베트남의 모내기 축제

---

1) 빈랑나무 열매와 구장 나뭇잎을 합쳐 만든 '저우' 라는 음식은 결혼식이나 장례식에서 나이 든 사람들이
자주 먹던 전통 음식이다.

85

쌀 도정의 노래

Ngày thì đem thóc ra phơi,
Tối lặn mặt trời đổ thóc vào xay.
Một đêm là ba cối đầy,
Một tay xay giã, một tay giần sàng.
Tháng ba ngày tám rỗi ràng,
Làm sao cho đủ gạo mùa màng khỏi lo.

낮에 벼를 말리고
저녁에 해가 질 때 벼를 도정(搗精)해요
한 밤에 넉넉히 세 절구를 찧는데
한 손으론 정미하고 한 손으론 체로 거르네
3월 8일에 여유가 있을 때,
어떻게 하든지 쌀이 충분해서 걱정 안 하도록
하세요

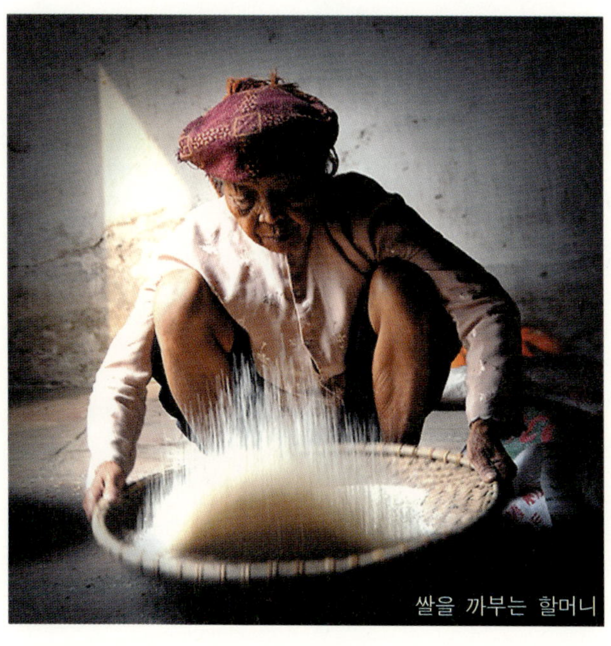

쌀을 까부는 할머니

86

수심(愁心)의 노래

Người ta đi cấy lấy công,　　　　남들이 돈을 벌기 위해 벼를 심으러 가요,

Tôi nay đi cấy còn trông nhiều bề.　　나는 심으러 가도 많은 걱정을 해야 해요

Trông trời, trông đất, trông mây,　　하늘을 보고 땅을 보고 구름을 봐요

Trông mưa, trông gió, trông ngày, trông đêm.　　비도 맞고 바람도 쏘이고 낮과 밤도 맞아야 해요

Trông cho chân cứng đá mềm,　　다리가 튼튼해야 돌도 부드러워져요1)

Trời êm bể lặng mới yên tấm lòng.　　하늘이 조용하고 바다가 조용하면 마음이 안정 되어요2)

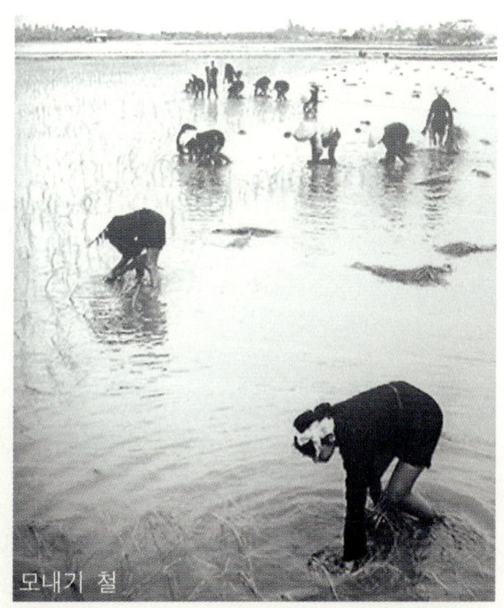

1) 모든 일이 생각대로 되어 간다는 말.
2) 어떤 한 힘든 여자의 일을 말하는 것이 이 노래다. 그 여자는 집안의 모든 일을 다 해야 한다. 다른 사람들이 벼를 심으러 갈 경우 벼 심을 일만 걱정하고 돈을 받지만, 이 여자는 품을 팔고 돈을 받아도 다른 집의 일까지 걱정한다는 뜻이다.

87

화목한 가정

Nhà em có vại cà đầy,

Có ao rau muống có đầy chĩnh tương.

Dầu không mĩ vị cao lương,

Trên thờ cha mẹ dưới nhường anh em.

Một nhà vui vẻ êm đềm,

Đói no tuỳ cảnh không buồn luỵ ai.

우리 집에 넉넉한 가지 항아리가 있어요.

자우무옹1) 연못이 있고 넉넉한 된장 항아리도 있어요

미미고량(美味膏粱) 아니라도

위로는 부모님을 존경하고 아래로는 형제들과 사이좋게 지내요

한 집이 즐겁고 화목해요

배가 부르든 고프든, 환경에 맞추어서 남에게 의탁하지 않아요

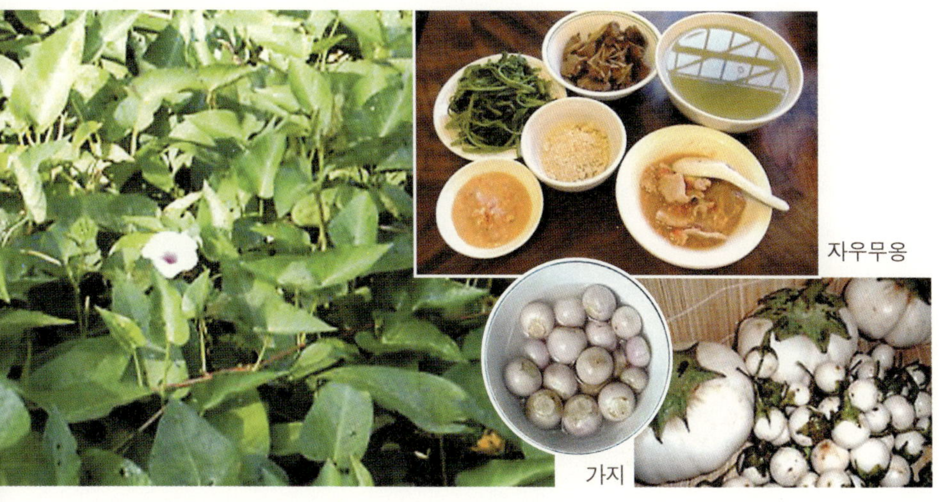

자우무옹

가지

---

1) 베트남 사람들이 자주 먹는 야채.

88

닭의 노래

Nuôi gà phải chọn giống gà,
Gà ri bé giống nhưng mà đẻ mau.
Nhất là to giống gà nâu,
Lông dày thịt béo về sau đẻ nhiều.

닭을 키우려면 종류를 택해야 해요,
가리닭1)은 작지만 알을 많이 낳아요
갈색닭2)은 제일 크고,
털도 많고 눅눅하지만, 나중에 알을 많이 낳지요

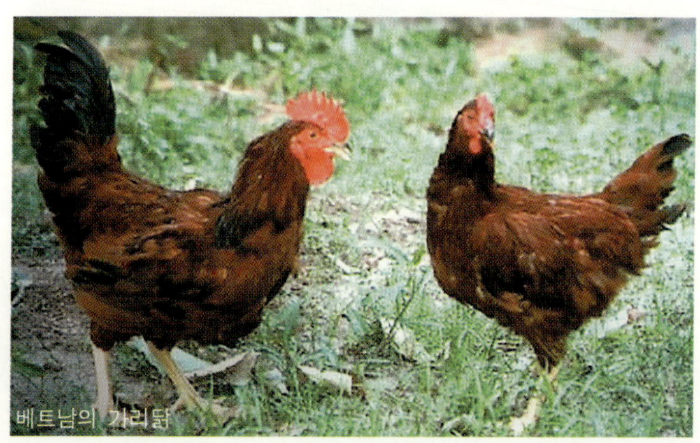

---

1) 가리닭(gà ri)은 닭의 한 종류이며 작고 알을 많이 낳는 특징이 있다.
2) 갈색닭은 닭의 한 종류로서 털이 노랗고 가리닭보다 더 크다.

89

뽕나무 노래

Nuôi tằm cần phải có dâu,
Muốn cho đất tốt phải mau vun trồng.
Vườn thì cuốc rãnh thong dong,
Cách nhau hai thước đặt thông cho đầy.
Giống dâu ưa nước xưa nay,
Nhưng khi ngập hết thì cây cũng già.

누에를 키우려면 뽕나무가 있어야 해요,
좋은 땅을 원하면 열심히 경작해야 해요.
밭에는 넉넉한 도랑을 파야 하는데,
두 자 넓이로 만들어야 해요.
뽕나무는 물을 많이 좋아하지만
물이 도랑을 넘어 가면 나무가 늙어져요.

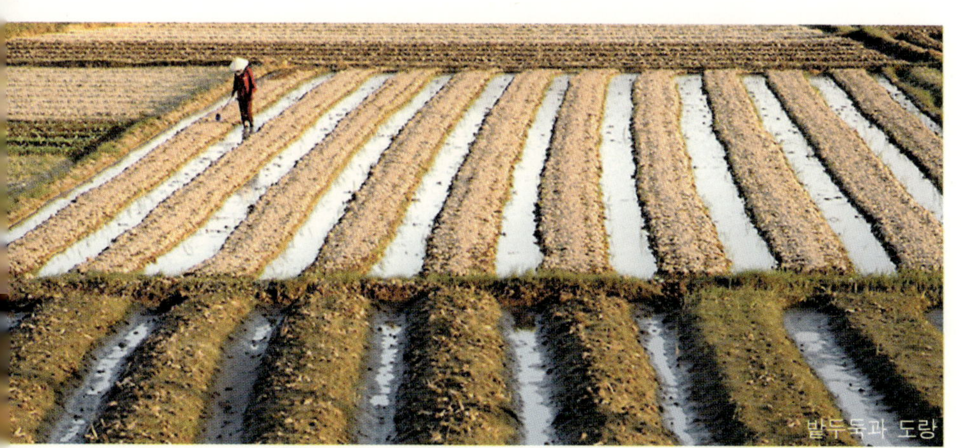

90

종이 만드는 여인의 노래

Người ta buôn vạn bán ngàn,　　다른 사람은 만 개를 사고 천 개를 팔지만

em đây làm giấy cơ hàn vẫn tươi.　　나는 종이를 만들어 힘들고 가난해도 항상 웃어요

Dám xin nho sĩ chớ cười,　　유사(儒士)께서는 저를 비웃지 마세요

Vì em làm giấy cho người viết thơ.　　저는 당신이 시를 쓰기위한 종이를 만들기 때문이에요.

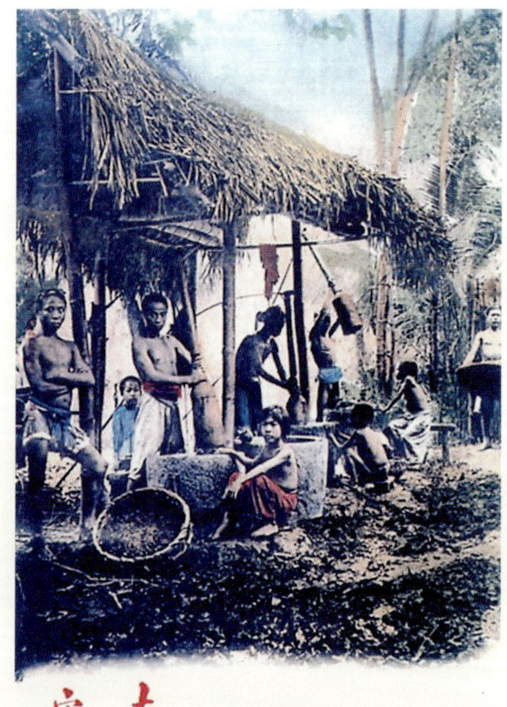

종이를 만들던
튀퀘 마을
(19세기 말)

91

어부의 노래

Nhà tôi nghề giã, nghề sông,

Lặng thì tôm cá đầy trong đầy ngoài.

Cá trắng cho chí cá khoai,

Còn như cá lẹp, cá khoai cũng nhiều.

우리네 직업은 강에서 고기를 잡는 것인데

물이 조용하면 안과 밖에 새우와 물고기가

넉넉해요

짱 물고기1)나 콰이 물고기2)나

랩 물고기3)나 콰이도 많아요.

---

1) 짱(cá trắng)은 물고기의 한 종류.
2) 콰이(cá khoai)는 바다에 사는 물고기의 한 종류.
3) 랩(cá lẹp)은 바다에 사는 물고기의 한 종류.

92

부부생활의 즐거움

Nửa đêm trăng tắt sao tàn,
Láng giềng ngủ hết em đàn anh nghe.

늦은 밤에 달이 지고 별이 사라지면
이웃은 다들 자고 나는 악기를 연주하고 그대는
들어요

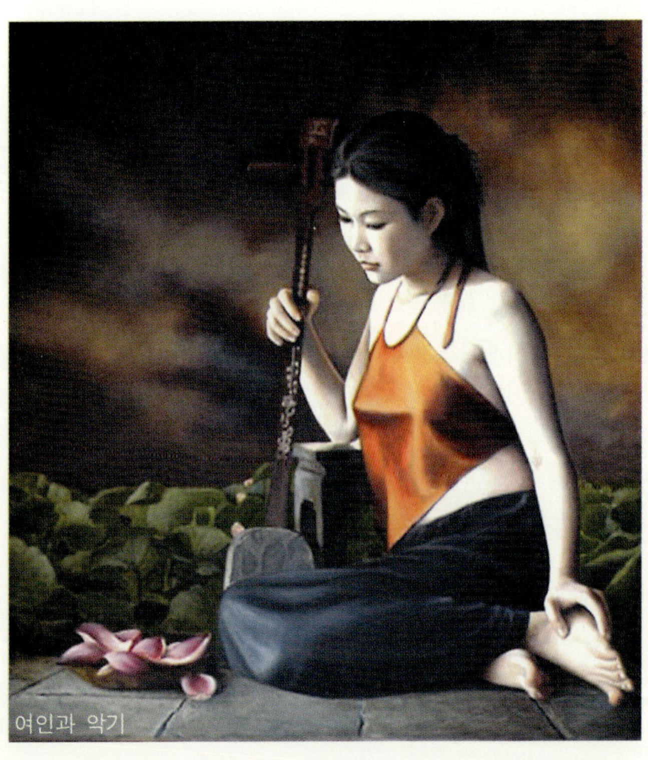

93

풍년의 노래

Nhờ trời mưa thuận gió hoà,
Lúa vàng đầy ruộng, lời ca vang đồng,

하늘 덕에 비바람이 순조롭고
노란 벼가 논에 가득하고 노래는 논에 울려 퍼지네.

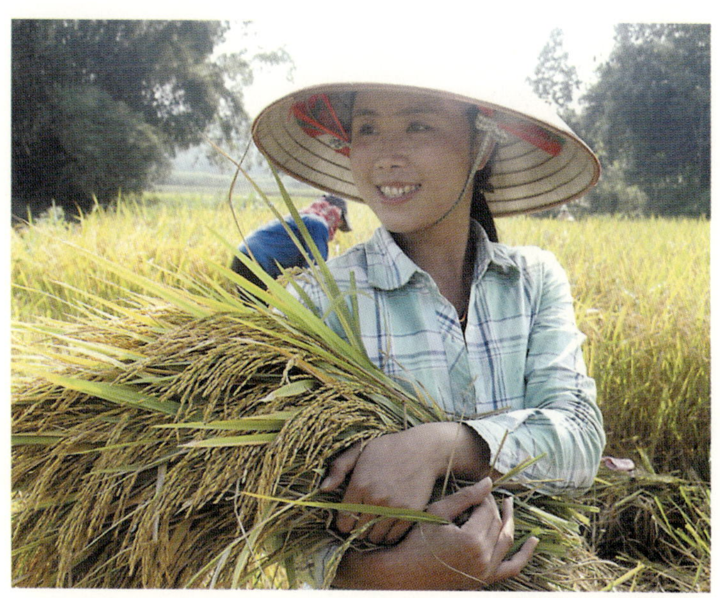

벼이삭과 여인의 미소

94

일하는 아내의 노래

Người ta rượu sớm trà trưa
Em nay đi nắng về mưa mặc lòng,
Mong sao mưa thuận gió đều,
Cho đồng lúa tốt cho chiều lòng em.

다른 사람이 아침에 술을 마시고 점심엔 차를 마시는데
내가 햇볕에 나가거나 빗속에 돌아와도 관심을 두지 않네요
비가 때에 맞춰 내리고 바람이 고르게 불기를 바라고
논의 벼가 잘 자라서 당신이 나를 만족스러워 하길 바라요

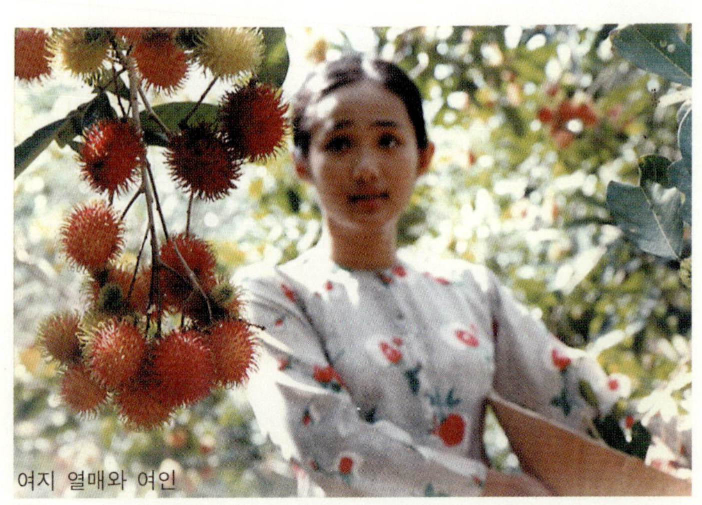
여지 열매와 여인

95

사랑의 노래

Nom ra ngoài bể mù mù,
Thấy anh câu đục, câu đù mà thương.

바다를 바라보니 비안개로 어두워져
당신이 둑1)이나 두2) 낚시하는 것을 보며
좋아하네

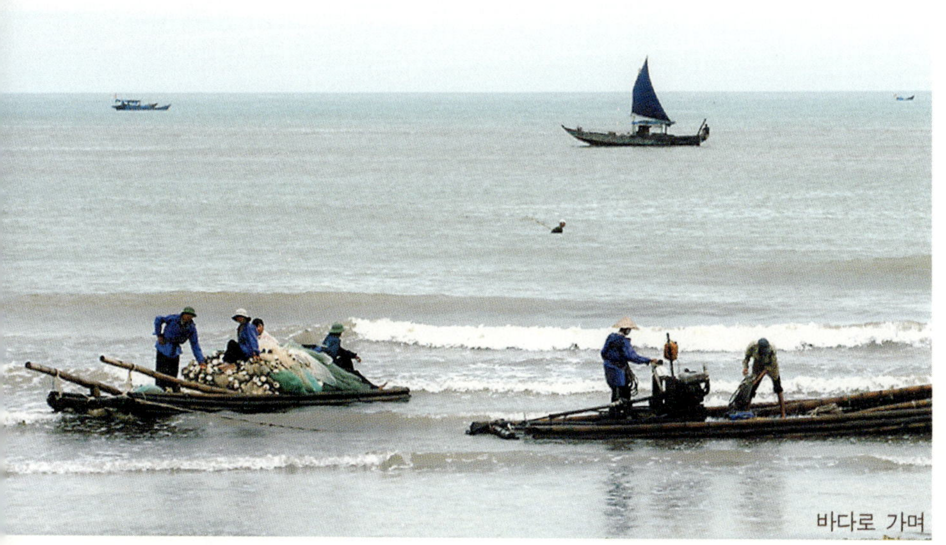

---

1) 베트남의 물고기 이름.
2) 베트남의 물고기 이름.

96

어부 경험의 노래

Những người đi biển làm nghề,
Thấy dòng nước nóng thì về đừng đi.
Sóng lừng, bụng biển ầm ì,
Bão mưa ta tránh chớ hề ra khơi.

바다에 나가 일하는 사람들이여!
뜨거운 해류가 밀려오면 돌아와 가지 마세요.
큰 파도가 바다 속에선 '음음'하는 소리를 내요.
태풍과 비를 피해 나가지 마세요.

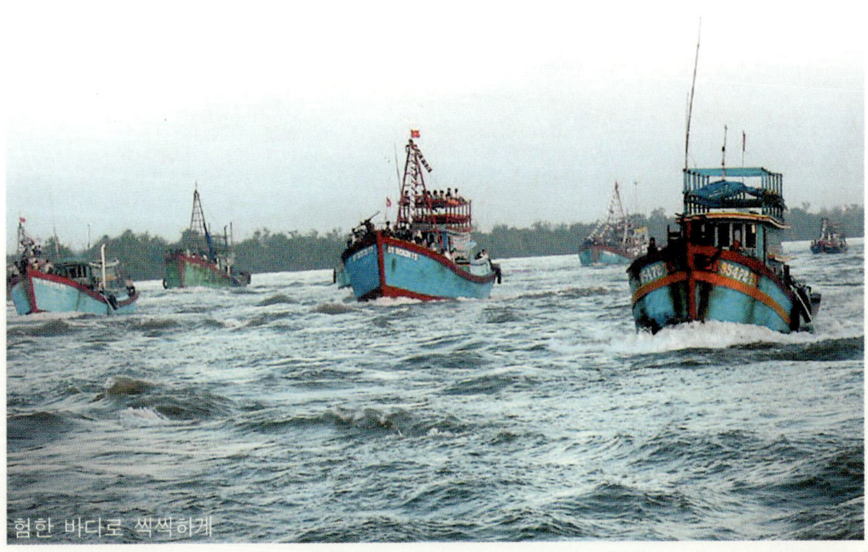

97

이별의 노래

Nước chảy xuôi thuyền anh trôi ngược,
Anh chống không được anh bỏ sào xuôi.
Sào xuôi, Thuyền cũng trôi xuôi,
Khúc sông bỏ vắng để người sầu riêng.

물은 흘러 내려가지만, 내 배는 위쪽으로 가야 해요
내가 배를 밀 수 없어 막대기를 내려놓으니
배도 흐름에 따라 내려가네요.
강을 고요하게 내버려 두고 당신도 스스로 슬퍼하게
두었네요

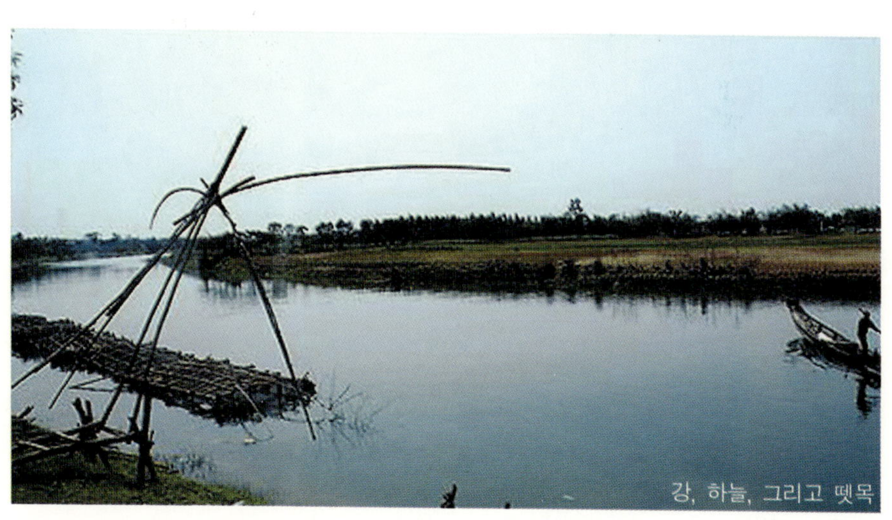

98

결혼 노래

Nhà em mả táng hàm rồng,
thì em mới lấy được chồng thợ khay.

우리 집 묘지를 용의 아래턱1)에 묻게 되어
내가 쟁반을 만드는 남편과 결혼하게 되었네.

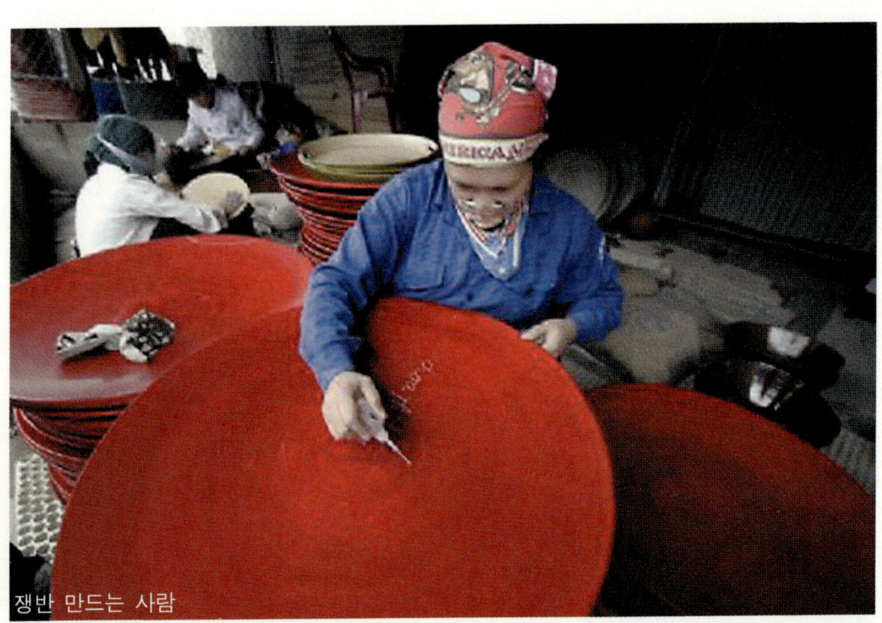

쟁반 만드는 사람

---

1) 베트남의 풍수지리설에는 용의 턱에 해당하는 부분에 산소를 쓰면 집안의 모든 일이 잘 된다는 믿음이
있음.

99

석회 만드는 노래

Vạn Vân có bến Thổ Hà,

Vạn Vân nấu rượu, Thổ Hà nung vôi.

Nghĩ rằng đá nát thì thôi,

Ai ngờ đá nát nung vôi lại nồng.

반번1)에 토하2)나루터가 있어요

반번에 술을 만들고 토하에서는 석회를 구어 만들어요

돌이 으스러지면 사용할 수 없다 생각하지만

생각보다 돌이 으스러져 석회가 더 잘 만들어져요.

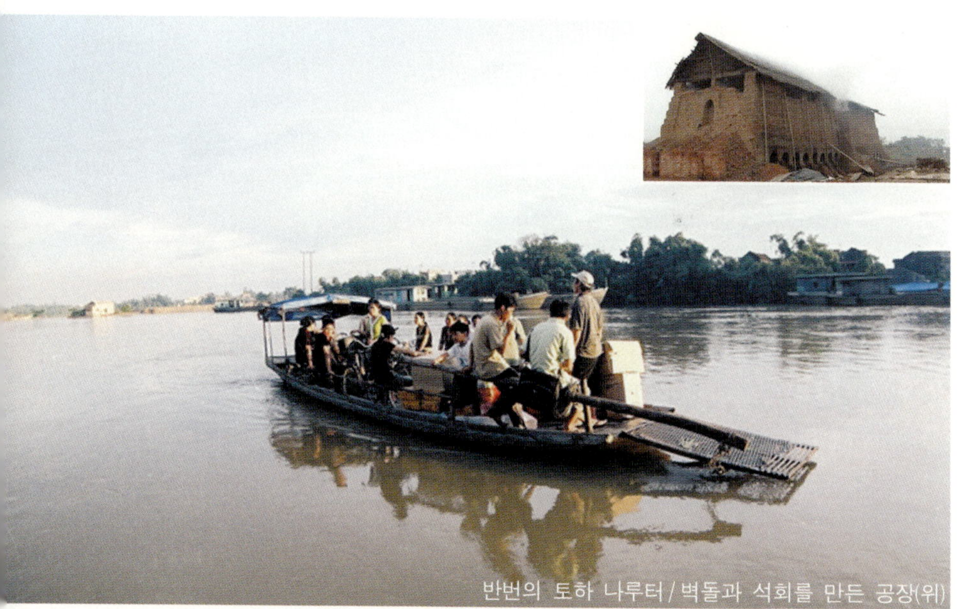

반번의 토하 나루터 / 벽돌과 석회를 만든 공장(위)

1）베트남의 지역 이름.
2）베트남의 지역 이름.

100

농사의 노래

Ơn trời mưa nắng phải thì
Nơi thì bừa cạn, nơi thì cày sâu.

Công lênh chẳng quản bao lâu,
Ngày nay nước bạc ngày sau cơm vàng.
Ai ơi! chớ bỏ ruộng hoang,
Bao nhiêu tấc đất tấc vàng bấy nhiêu.

비와 햇빛을 고르게 해준 하늘의 덕을 감사하네,
물 없는 이곳을 고르고 물 가득한 저 땅을 깊게
갈아요.
힘 내서 일하는 것은 오래 해도 아깝지 않아요.
오늘은 은빛 물인데 내일은 금빛 밥이네.
누군가! 논을 황폐하게 버려두지 마세요
땅의 켜1)들은 금처럼 소중하네요

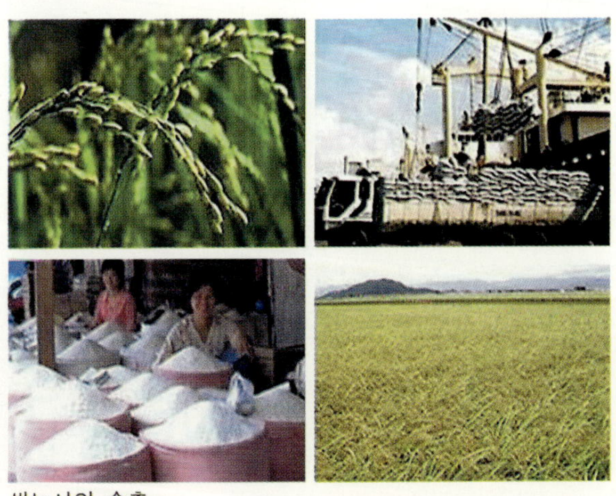

쌀농사와 수출

---

1) 땅을 수직으로 파 들어갈 경우 시루떡처럼 되어 있는 층들.

101

부지런함이 최고다

Ở đời khôn khéo chi đâu,
Chẳng qua cũng chỉ hơn nhau chữ cần.

세상에 뭐가 똑똑한 게 있는가?
다만 서로 '근(勤)'이란 글자를 더하는 것뿐이다.

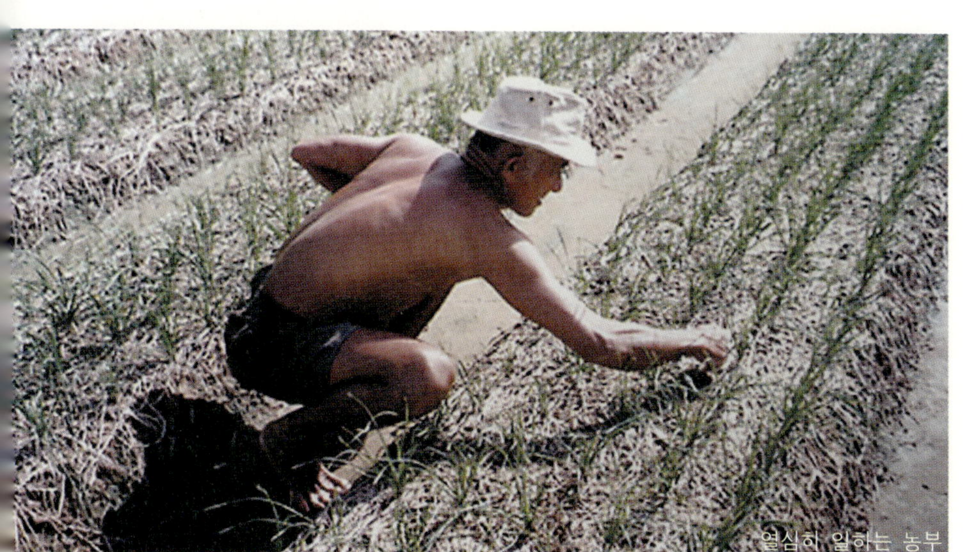

102

망태와 통발

Quê anh ngày tám tháng ba,

Quay về làm rọ quay ra đan lờ.

Nhờ trời mưa thuận gió hoà,

Lờ rọ bán được, cảnh nhà thêm vui.

우리 고향 삼월 팔일1)

돌아와서 망태를 만들고 돌아가서 통발2)을 짜네.

하늘 덕에 비바람이 순조롭네.

통발과 망태를 팔게 되어, 집안이 더 기뻐하네.

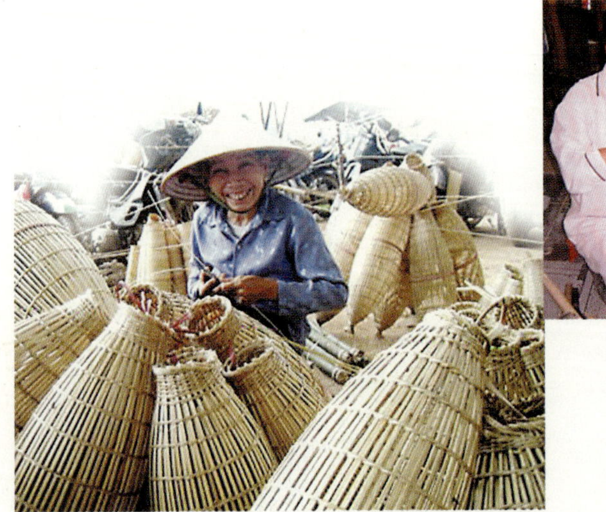

통발을 엮는 사람

통발을 엮어 파는 할머니

---

1) 베트남의 휴일.
2) 대나무 따위로 물살을 한 곳으로 흐르게 하여 물고기를 잡는 장치.

103

농사의 노래

Rủ nhau đi cấy, đi cày,
Bây giờ khó nhọc có ngày phong lưu.
Trên đồng cạn, dưới đồng sâu,
Chồng cày vợ cấy con trâu đi bừa.

벼를 심으러 가자고, 땅을 갈러 가자고 해요
지금은 어렵지만, 어느 날엔 넉넉하게 돼요
물이 없는 윗 논과 아래쪽의 깊은 논에서
남편이 땅을 갈고 아내는 벼를 심으며 물소는
써레로 땅을 고르게 해요

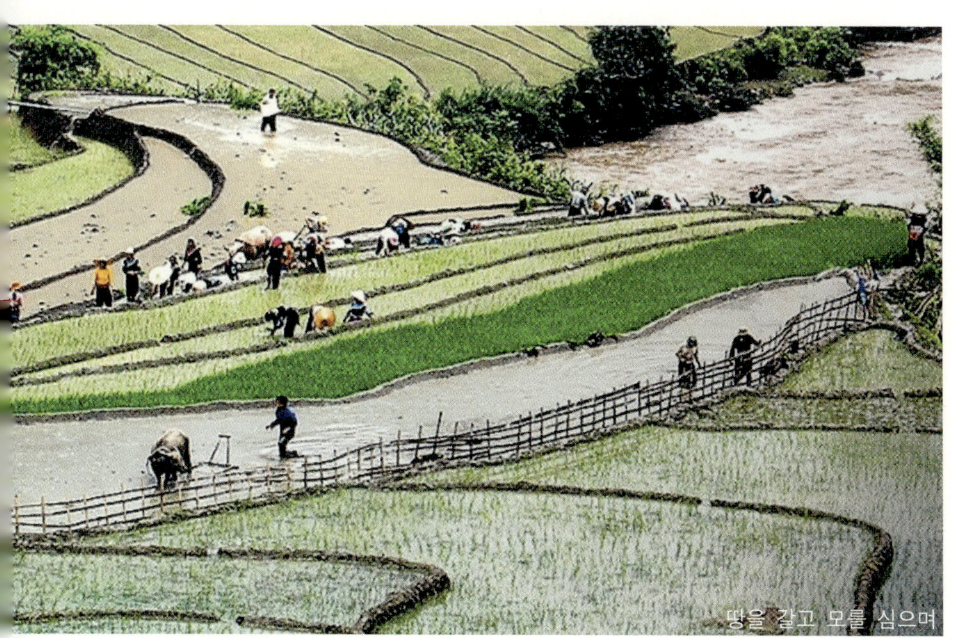

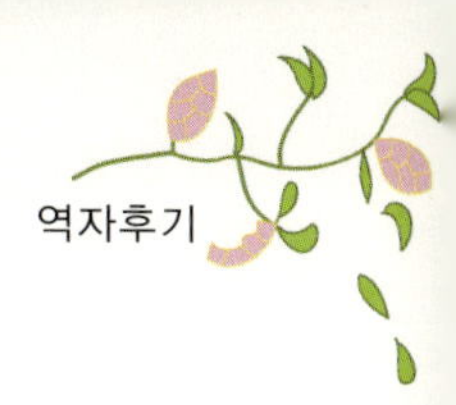

역자후기

베트남의 노래와 문화, 그리고 삶

원래 필자는 우연한 기회에 한국과 한국문화를 접했고, 공부하게 되었다. 평소에 전혀 생각지도 못하다가 대학교에 들어가 한국학을 전공으로 선택하면서부터 한국과 한국문화, 한국문학에 대하여 본격적인 관심을 갖게 된 것이다. 그 시점부터 한국과 한국문화는 필자의 전공인 동시에 취미 비슷한 것이 되었다. 공부하면 할수록 놀라게 되는 것은 문화적으로 사상적으로, 그리고 사고방식의 측면에서 두 나라가 큰 공통점들을 보인다는 사실이다.

2007년 한국문학을 공부하기 위해 숭실대 대학원 석사과정에 들어와 조규익 교수님을 만나게 되었고, 교수님으로부터 많은 것을 배우게 되었다. 조 교수님과의 만남을 계기로 한국 사람들에게 베트남 문화를 소개하고 싶었던 숙원(宿願)이 이루어질 수 있게 되었다. 그 시점부터 조 교수님의 지도를 바탕으로 베트남의 노래들에 나타난 문화나 정서를 한국의 독자들에게 소개하기로 마음먹은 것이다.

이 책은 베트남에서 출판된 응옥 란(Ngọc Lan) 선생의 『베트남 가요선(CA DAO VIỆT NAM CHỌN LỌC)』(Nhà xuất bản Văn Hóa Thông Tin, 2007)의 2장에 실린 노래들을 번역한 것이다.

예로부터 가요는 베트남 사람들에게 정신적인 음식이나 마찬가지였다. 농촌사람들은 때와 장소를 가리지 않고 노래를 불렀다. 농부들이 일을 할 때,

어머니가 아가에게 자장가를 불러 줄 때, 매년 봄 마을 사람들이 함께 어울려 축제에 놀러 갈 때, 예쁜 남녀들이 서로 사랑하는 마음을 전하고자 할 때 등등, 반드시 노래를 사용했다. 그렇게 흔하고 보편적인 가요들의 주제 또한 아주 다양했다. 노동가요, 문화가요, 풍속가요, 사람들에 대한 가요 등등 어떤 주제도 노래로 소화시킬 수 있는 능력을 베트남 사람들은 본능처럼 지니고 살아왔다.

이 책에서 번역한 노래들은 베트남의 풍부한 노래 유산들 가운데 극히 일부분에 지나지 않는다. 이 책은 크게 두 장으로 나뉘는데, 사람과 풍습에 대한 가요, 일과 노동 혹은 문화에 대한 가요 등이 그것들이다.

사람과 풍습에 대해 쓴 가요들에서는 베트남 사람의 사고방식과 다양한 축제 분위기를 느끼고 이해할 수 있다. 베트남 사람들은 음력 설날 후 3월까지를 축제기간으로 여긴다. 그래서 이 기간에는 전국의 곳곳에서 많은 축제들이 열린다. 이 책에 실린 가요들을 읽어 보면 베트남 북부지방, 중부지방과 남부지방의 수많은 유명한 지명이나 절 혹은 정의 이름들을 알 수 있다. 거명된 지역들이나 절 혹은 정들은 베트남의 전통 문화 축제들이 왕성하게 열리던 곳들이다.

예컨대 북부지방의 경우 베트남을 건국한 홍왕 할아버지의 푸토 땅과 그에 관한 축제의 노래를 들 수 있다.

누가 나와 같이 푸토[1]에 갈까
삼월 십일 시조 할아버지 제삿날[2]이 되니 기뻐요...   (1. 〈시조 제삿날〉)[3]

베트남 사람들은 시조 할아버지의 제삿날을 축제로 생각했다. 그 날 푸토

---

1) 푸토(Phú Thọ)는 현재 푸토성이며 베트남 건국 도성이다. 현재 베트남에서는 매년 푸토에서 국조(國祖) 홍왕(vua Hùng)에게 제사를 올리고 있다.
2) 베트남 국가 시조인 홍왕(vua Hùng)의 제사를 기념하여 전국적으로 국민들이 드리는 국가적 행사이다.
3) 이 글에서 인용된 노래들은 이 책의 앞부분에 번역해놓은 것들이다.

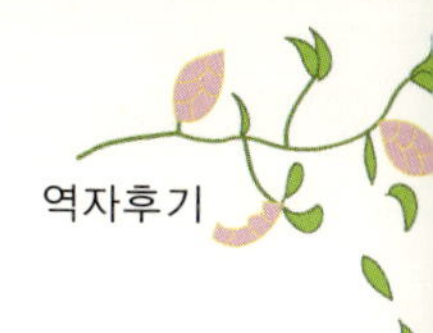

성에 많은 사람들이 모여 시조에게 제사를 올리고 음식을 나누어 먹음으로써 사람들의 마음을 하나로 모을 수 있었던 것이다.

저우절과 림축제가 있는 박닌성은 리 왕조의 고도(古都)였다. 박닌성에서 벌어지는 캄 축제, 저우 축제, 저옹 축제 등은 베트남 전역의 축제들 가운데 대표적인 것들이다. 다음의 노래에 그 점이 잘 드러난다.

칠일날은 캄 축제4), 팔일날은 저우 축제5)
구일날엔 어디 있든 저옹 축제6)에 돌아와요   (44. 〈축제의 노래〉)

천년 이상 된 베트남 수도인 하노이에도 수많은 축제들이 있으며, 사람들은 지금도 변함없이 축제를 즐기고 있다.

... 삼월 칠일날을 기억하세요
랑7) 축제에 돌아오고, 터이8) 축제에 돌아가세요.   (30. 〈제사의 노래〉)

하떠이성에는 주어터이 절이 있는데, 그 절의 축제도 매우 유명하다. 특히 짝이 없는 남녀가 그 축제에 참여하여 마음에 맞는 짝을 만난다는 설이 있다. 다음과 같은 노래는 그 점을 잘 나타낸다.

주어터이9) 절의 축제에는 각거 굴이10) 있어요
아내가 없는 남자가 주어터이 절 축제를 그리워해요   (36. 〈각거굴의 노래〉)

---

4) 캄(Khám)은 절 이름.
5) '쪼우'는 절 이름.
6) 조우 축제 (hội Dâu)는 박닌 (Bắc Ninh)성에 있는 저우절 (Chùa Dâu)의 축제이다.
7) 베트남의 지역 이름. 하노이 안에 있음.
8) 하떠이성(Hà Tây)에 있는 절.
9) 주어터이 (chùa Thầy)는 하떠이성(Tinh Hà Tây)에 있다.
10) 각거굴 (Hang Các Cỏ)은 주어터이에 있는데, 사람들은 총각이나 노처녀가 결혼을 못 하면 이 동굴에 들어간 후에 결혼할 수 있다고 믿는다. 또한 연애하는 남녀들이 아무 뜻 없이 각거굴에 들어갔다 나간 후에는 꼭 헤어지게 된다는 믿음도 있다.

베트남 중부지방과 남부지방 같은 경우는 시장에 많은 사람들이 모여 노래
판을 벌이기도 했다. 가끔 그것은 축제와 같은 모습을 띠기도 했다. 다음과
같은 노래가 그것들이다.

롯 시장11)에 무술을 시합하는 무대가 만들어져 있고
거도시장12)은 작지만 사람도 많네...   (55. 〈남편의 노래〉)

누군가 빙띤13)에 가면
장려의 시14)와 꽝남15)의 배노래16)를 들으세요.   (3. 〈배노래〉)

지역 이름이나 유적지 혹은 축제를 그려내는 이외에 베트남의 가요는 농업
문화의 풍미를 갖고 있기도 하다. 베트남의 쌀농사는 물벼 농법문화를 바탕
으로 삼아왔다. 아울러 사상적으로 베트남은 중국의 유교와 인도 및 중국의
불교로부터 큰 영향을 받은 지역에 자리 잡고 있다. 그래서 베트남 문화는
다색(多色)의 혼종문화(混種文化)라 할 수 있다. 그런 점이 노래들에도 잘
드러나 있다.

이 책의 제 II 장에는 일과 노동, 그리고 농업문화에 대한 가요들이 실려
있고, 직업이나 일에 관한 옛날 베트남 사람들의 관점과 노동의 경험 등이
잘 형상화 되어 있는데, 노래가 그것들을 후세에 전해주는 매체의 역할을 한
것이다. 옛날의 베트남 사회에도 조선과 같이 사·농·공·상 등 네 계층이
있었으며, 평민들에게는 농업이 무엇보다 우선이었다. 다음과 같은 노래에서
그 점을 알 수 있다.

---

11) 톳롯(chợ Thốt Lốt)은 시장의 이름.
12) 거도(chợ Cờ Đỏ)는 시장의 이름.
13) 빙띤(Bình Định)는 현재 중부지방에 있는 성(城) 이름이다.
14) 장려(lơi thơ chàng lía)는 시의 한 종류.
15) 꽝남(Quảng Nam)은 중부지방에 있는 광남성 지역이름이다.
16) 배 노래(hát vè)는 노래의 한 종류.

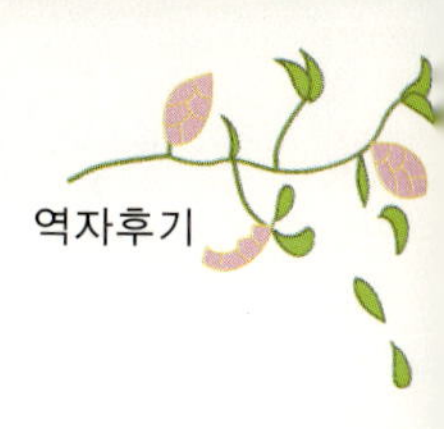

사(士), 농(農), 공(工), 상(商)
첫째는 사, 둘째는 농이며
쌀이 없어 돌아갈 땐
첫째는 농, 둘째는 사이라네.   (40. 〈사농공상의 노래〉)

당시 농업은 평민들을 먹여 살린 유일한 산업이었으며 그들에게 풍요로운
삶을 보장하는 유일한 방책이기도 했다. 열심히 경농(耕農)하라는 가요들도
그래서 나타난 것이다. 다음과 같은 노래가 그것들이다.

쌀이 많아야 신선(神仙)이에요
생활이 넉넉해야 집안이 평안스러워요   (45. 〈농부의 노래〉)

가난한 신분으로 햇빛이나 비를 우려하는가요?
깊게 땅을 갈고 고르게 해야 겨우 풍년이 될지 몰라요   (75. 〈근로의 노래〉)

한편, 어부나 목수, 옷감을 짜는 직업, 종이를 만드는 등의 직업에 종사하
는 노동자들도 즐겁게 노래를 불렀다. 이처럼 가요는 처음부터 수많은 노동
이나 직업의 경험과 삶의 지혜를 후세에게 전해 주는 한 수단으로 인식되어
왔다.

농업의 경우는 다음의 노래들과 같다.

멜론은 섣달과 정월 사이에 심어요
오월 모작을 설 전에 심으면 걱정을 덜어요.
2월에 소와 물소를 사러 가요
땅을 잘 갈고 10월 벼 모를 뿌리세요.   (31. 〈농업의 노래〉)

....

섣달엔 고구마를 심어야 하고

정월엔 콩을 심고, 이월엔 가지를 심어야 하네.

삼월엔 논을 갈고

사월엔 이곳저곳 동시에 볍씨를 뿌려야 하네

오월엔 맞추어 수확을 해야 하고

유월에는 논 가득 물을 흘려야 하네

집집마다 아내와 남편

논에서 일을 할 땐 점심 생각도 안 나네...   (65. 〈농촌의 바쁜 생활〉)

이 노래들의 목적들 가운데 하나는 농업의 경험과 지혜를 후손들에게 전해
주는 데 있었다. 후속 세대들에게 경험을 전수한다는 점에서는 어업 노래들
의 경우도 마찬가지다. 다음과 같은 노래가 그런 경우다.

바다에 나가 일하는 사람들이여!

뜨거운 해류가 밀려오면 돌아와 가지 마세요.

큰 파도가 바다 속에선 '음음'하는 소리를 내요.

태풍과 비를 피해 나가지 마세요.   (96. 〈어부 경험의 노래〉)

이 밖에 가요는 노동자들의 오락 수단으로 기능함으로써 노동과정에 힘을
불어넣어주기도 한다. 일을 하면서 함께 노래를 부르면 노래의 리듬이나 박
자에 힘입어 어려움을 덜 수 있었다. 그리고 노래를 통하여 평상시에는 표
현하기 어려운 진심이나 기쁨, 슬픔 등을 쉽사리 드러낼 수 있었다. 그런 까
닭에 청춘 남녀들은 마을 축제에 참여하여 노래를 통해 서로 사귀다가 결국
부부로 맺어지는 경우가 많았다.

이런 노래들에는 사랑 이외의 다양한 생활감정과 베트남의 각종 민속 문화
들이 담기게 마련이므로, 베트남의 노래는 베트남 인들의 마음과 베트남의
문화가 온전히 담겨 있는 그릇이라 할 수 있는 것이다.

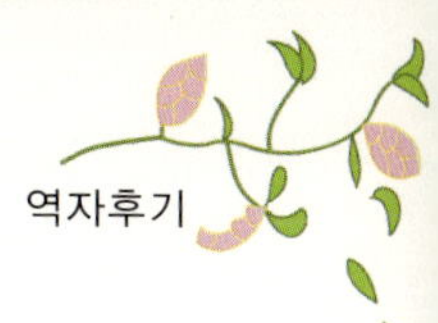

　번역자들은 노래들을 번역하면서 가요 내용과 어울릴 만한 그림과 사진들을 구하여 노래와 함께 실어 놓았다. 그림을 보면서 노래의 내용을 음미하면 훨씬 이해하기 쉬울 것이다.

　이 책은 한국 독자들로 하여금 베트남 가요를 접할 수 있도록 하기 위해 기획된 첫 단계 작업의 결과물이다. 앞으로 새로운 내용과 형식의 노래들을 광범하게 번역함으로써 두 나라 사람들이 서로의 생활감정과 문화를 잘 이해할 수 있도록 하고자 한다. 이 책의 출판을 계기로 베트남의 노래와 문화에 대한 관심이 더욱 증폭되기를 기대한다.

2009. 5

응웬 응옥 꿰 (阮玉桂)

역자소개

조규익

- 숭실대학교 국어국문학과 교수 겸 한국문예연구소 소장. 미 UCLA에서 비교문학과 한인이민문학을 연구. 제2회 한국시조학술상, 제 15회 도남국문학상, 제 1회 성산학술상 등 수상.
- 『조선초기아송문학연구』/『조선조 시문집 서·발의 연구』/『선초악장문학연구』/『고려속악가사·경기체가선초악장』/『가곡창사의 국문학적 본질』/『우리의 옛 노래문학 만횡청류』/『봉건시대 민중의 고발문학 거창가』/『해방 전 만주지역의 우리 시인들과 시문학』/『17세기 국문 사행록 죽천행록』/『해방 전 재미한인 이민문학(1-6)』/『연행노정, 그 고난과 깨달음의 길』(공)/『주해 을병연행록』(공)/『무오연행록』(공)/『홍길동 이야기와 〈로터스 버드〉』/『국문 사행록의 미학』/『조선조 악장의 문예미학』/『제주도 해녀 〈노 젓는 소리〉의 본토 전승양상에 관한 조사 연구』(공)/『한국고전비평론자료집』(공역)/『연행록 연구총서(1-10)』(공편)/『고전시가의 변이와 지속』/『아, 유럽!-그 빛과 그림자를 찾아』/『풀어 읽는 우리 노래문학』/『조선통신사 사행록 연구총서(1-13)』 등의 저서 외 논문 다수
- 홈페이지 http://kicho.pe.kr
- 블 로 그 http://kicho.tistory.com
- 이 메 일 kicho@ssu.ac.kr

NGUYEN NGOC QUE (응웬 응옥 꿰)

- 베트남 타이빈(Thai Binh) 출생
- 하노이국립 인문사회과학대학교 동방학부 한국학과 졸업(2004)
- 원광대학교 한국어 연수(2005)
- 숭실대학교 국어국문학과 (한국고전문학) 석사 졸업(2008)
- 현재 베트남 달랏대학교 한국어 강사
- 번역서 : 『심청전』, 『홍길동전』
- 논 문 : 베트남 〈쭈엔끼에우(翹傳)〉와 한국 〈춘향전〉의 여성수난 서사 비교연구
- E-mail : ngngquevn@hanmail.net

베트남의 민간노래

초판 1쇄 인쇄 2009년 5월 20일
초판 1쇄 발행 2009년 5월 30일

편역자 ｜ 조 규 익·응웬 응옥 꿰
펴낸이 ｜ 김 미 화
펴낸곳 ｜ 인터북스

주   소 ｜ 서울시 은평구 대조동 221-4 우편번호 122-844
전   화 ｜ (02)356-9903
팩   스 ｜ (02)386-8308
전자우편 ｜ interbooks@chol.com
등록번호 ｜ 제311-2008-000040호

ISBN 978-89-961936-6-1   03890

정가 15,000원

※파본은 교환해 드립니다.